쉽게 배워 바로 쓰는

재료공학실습

신금철 저

B.C.Info

Prologue

공업역학과 재료역학은 기계공학도에게 필수적인 교과목이며 두 교과목에서 학습한 내용을 실습을 통하여 검증하는 절차는 매우 중요합니다. 그러나 실습을 통해 두 교과목에서 학습한 내용을 검증하고 그 결과를 분석할 수 있도록 도와주는 교재를 시중에서 찾아보기 쉽지 않은 실정입니다. 이러한 상황에 대한 안타까운 마음을 가지고 공업역학과 재료역학에서 학습한 내용 중 기계공학도가 꼭 알아야 할 내용에 대하여 실습을 통해 검증하고 그 결과를 분석할 수 있도록 돕기 위하여 본서를 저술하여 출판하기에 이르렀습니다.

본서는 기본적으로 수학의 아주 기초적인 수준만으로도 재료공학실습을 수행할 수 있도록 구성하였습니다. 이를 위해 1장에서는 공업역학 및 재료역학 실습에 필요한 기초 수학을 설명하였습니다. 또한 재료의 종류와 역학의 기초적인 내용을 1장의 하반부에 다루어 이론과 실습을 검증하는 데 지장이 없도록 하였습니다. 2장에서는 분포력 문제를 다루고 있으며 특히 무게중심을 구하는 방법으로써 이론적, 실험적 접근 방법을 모두 소개한 뒤 두 가지 접근 방법을 통해 얻은 결과를 서로 비교하여 분석할 수 있도록 서술하였습니다. 3장에서는 우리 주위에서 많이 볼 수 있는 스프링의 기본 원리와 실제 사례에 대해 서술하였고, 인장/압축/고무 스프링에 대하여 스프링 상수를 구하는 실습을 통하여 각 스프링의 특성을 분석할 수 있도록 구성하였습니다. 4~5장에서는 마찰의 기본 원리에 대하여 서술하였고, 경사면 마찰과 건조/유체마찰에 대한 실습을 통하여 각각의 특성을 비교, 분석할 수 있도록 구성하였습니다. 6~7장에서는 재료의 경도와 경도계의 종류에 대하여 서술하였고, 다양한 재료의 경도를 계측하는 실습을 수행한 후 그 결과를 비교, 검토하는 과정을 설명하였습니다. 또한 철강 재료의 열처리 실습을 통하여 재료의 표면에서 일어나는 경도 변화를 관찰할 수 있도록 구성하였습니다.

8~10장에서는 재료시험의 기초가 되는 인장시험에 대한 이론적 배경과 원리에 대하여 서술하였고, 이를 바탕으로 금속 및 고분자 자료에 대한 하중-변형량 곡선과 응력-변형율 곡선을 얻을 수 있는 인장시험에 대하여 설명한 후 실습하는 과정

에 대하여 설명하였습니다. 11장에서는 비틀림 하중이 가해지는 빔(shaft) 구조물과 비틀림 응력에 대하여 서술한 다음, 비틀림 전단탄성계수를 구하는 실습 과정을 설명한 후 그 결과에 대하여 고찰하는 방법을 소개하였습니다. 12장에서는 기둥 구조물의 사례를 들고 기둥의 좌굴 현상에 대하여 서술하였으며 기둥의 좌굴 하중과 좌굴 응력을 계산하는 이론적 방법과 실습 방법을 설명한 후 실습을 통하여 그 결과값을 비교할 수 있도록 구성하였습니다. 13장에서는 굽힘하중이 가해지는 보(beam) 구조물의 특징에 대하여 서술하였고, 지지점 반력, 굽힘 응력, 변형율을 구하는 과정에 대하여 설명하였고, 굽힘 실험장치를 이용하여 지지점 반력, 굽힘응력, 굽힘 변형율을 구하는 방법을 소개하였습니다.

각 장에서는 해당 장에서 배우는 내용의 기초 개념을 간단히 설명한 뒤 일상생활에서 관찰할 수 있는 실제 사례를 소개하였습니다. 그런 다음에는 예제 문제를 통해 해당 개념이 어떻게 적용될 수 있는지 학습자 스스로 응용할 수 있도록 하였으며, 각 장에서 이론적으로 학습한 내용을 실습을 통해 검증하는 절차를 소개하였을 뿐 아니라, 실습 결과를 보고서에 담을 수 있도록 실습보고서 양식을 제공하였습니다.

결과적으로 본 교재는 기계공학도가 공업역학과 재료역학에서 만나게 되는 문제에 대하여 이론적 방법뿐 아니라 실습을 통해 해결할 수 있도록 저술되었습니다. 실습 장비는 쉽게 만들 수 있거나 구매하기 어렵지 않은 장치를 활용하였고, 기업 실무에서 만나는 문제를 이론 역학적 방법과 실험 실습을 통해 해결할 수 있는 다양한 방법을 제공하고 있습니다.

모쪼록 저자가 저술한 의도에 맞게 본서가 기계공학도 학생들과 재직자들이 공업역학과 재료역학의 문제를 합리적으로 해결하는 데 도움이 될 수 있기를 바랍니다.

2025. 5

저자 신금철

CONTENTS

1 재료공학 기초

재료공학실습

1.1 기초 수학

1.1.1 분수 계산법

분모와 분자로 이루어진 분수(fraction)는 소수(decimal)로 표현할 수 있지만 수학적 계산을 통해 간단하게 표현할 필요성이 있다. 분수도 자연수 및 정수와 같이 사칙연산이 가능하며 이에 대해 간단히 살펴보자.

분수의 덧셈과 뺄셈:

$$\frac{b}{a} \pm \frac{d}{c} = \frac{bc \pm ad}{ac} \qquad \text{(식 1-1)}$$

(계산 예)

$$\frac{2}{3} + \frac{1}{2} = \frac{2\times2+1\times3}{3\times2} = \frac{4+3}{6} = \frac{7}{6},$$

$$\frac{2}{3} - \frac{1}{2} = \frac{2\times2-1\times3}{3\times2} = \frac{4-3}{6} = \frac{1}{6}$$

분수의 곱셈:

$$\frac{b}{a} \times \frac{d}{c} = \frac{bd}{ac} \qquad \text{(식 1-2)}$$

(계산 예)

$$\frac{2}{3}\times\frac{1}{2}=\frac{2\times1}{3\times2}=\frac{2}{6}=\frac{1}{3}$$

분수의 나눗셈:

$$\frac{b}{a}\div\frac{d}{c}=\frac{\frac{b}{a}}{\frac{d}{c}}=\frac{bc}{ad} \qquad \text{(식 1-3)}$$

(계산 예)

$$\frac{2}{3}\div\frac{1}{2}=\frac{\frac{2}{3}}{\frac{1}{2}}=\frac{2\times2}{3\times1}=\frac{4}{3}$$

여기서 a, b, c, d는 자연수 또는 정수이다.

1.1.2 등식 계산법

숫자와 문자로 식을 표현하고 등호로 수식을 연결하여 나타낸 것을 등식이라 하는데 항등식과 방정식이 이에 해당한다. 공학 문제를 해결하는 과정에서 간단한 등식 계산법을 통하여 우리가 필요로 하는 결과 값을 얻어야 하는 경우가 많으므로 이에 대하여 간단히 살펴보고자 한다.

먼저 가장 간단한 등식 계산법을 살펴보기 위해 a, b는 자연수 또는 정수(단, a는 0이 아님)라고 할 때 우리가 알지 못하는 숫자 x를 구하기 위해서는 아래와 같은 계산 과정을 따르면 된다.

$$ax=b\rightarrow x=\frac{b}{a} \qquad \text{(식 1-4)}$$

(계산 예)

$$3x=9\rightarrow x=\frac{9}{3}=3$$

항등식의 경우 간단한 계산 과정을 살펴보기 위하여 a, b, c, d는 숫자 또는 문자라고 하고 아래와 같은 계산 과정을 따르면 된다.

$$\frac{b}{a}=\frac{d}{c}\rightarrow ad=bc \qquad \text{(식 1-5)}$$

(계산 예)

$$\frac{x}{6}=\frac{1}{3}\rightarrow 6\times 1=x\times 3\rightarrow 3x=6\rightarrow x=\frac{6}{3}=2$$

1.1.3 연립 방정식

간단한 방정식의 경우 미지수가 1개이지만 실제 기업 현장이나 공학적인 문제를 다루다 보면 모르는 미지수가 2개 이상인 경우가 발생할 경우가 있다. 이때 2개 이상의 모르는 미지수를 계산하는 방법은 연립 방정식을 푸는 것이다. 아래는 2개의 미지수가 있을 때 연립 방정식을 계산하는 과정을 설명하고 있다.

2원 1차 연립 방정식 계산 과정:

$$\begin{matrix} ax+by=c \\ dx+ey=f \end{matrix} \rightarrow \begin{matrix} adx+bdy=cd \\ adx+aey=af \end{matrix} \rightarrow (bd-ae)x=cd-af \rightarrow x=\frac{cd-af}{bd-ae} \qquad \text{(식 1-6)}$$

미지수 x를 구한 다음에는 원래의 식에 x를 대입하여 나머지 미지수 y를 구하면 된다.

(계산 예)

$$\begin{matrix} 2x+3y=8 \\ 3x+2y=7 \end{matrix} \rightarrow \begin{matrix} 2\times 3x+3\times 3y=8\times 3 \\ 2\times 3x+2\times 2y=2\times 7 \end{matrix} \rightarrow \begin{matrix} 6x+9y=24 \\ 6x+4y=14 \end{matrix}$$

위의 식에서 아래 식을 빼고 나머지는 정리하면,

$$5y=10\rightarrow y=\frac{10}{5}=2$$

y를 구하고 난 다음에는 처음 두 식 중 하나에 y값을 대입하면,

$$2x+3\times 2=8\rightarrow 2x+6=8\rightarrow 2x=8-6\rightarrow 2x=2\rightarrow x=1$$

위와 같이 나머지 미지수 x도 구하여 처음 알지 못했던 미지수 2개를 모두 구할 수 있다.

1.1.4 지수 계산법

공학 문제를 다루다 보면 지수 문제를 해결해야 하는 상황이 발생하게 된다. 간단한 예를 들면, 단위 환산을 할 때나 면적을 구할 때 지수 문제를 만나게 되는데 이 문제를 해결하기 위한 수학적 해결 방법을 살펴보도록 하자.

지수의 밑이 동일할 때 곱셈:

$$x^a \times x^b = x^a x^b = x^{a+b} \qquad \text{(식 1-7)}$$

(계산 예)

$$1000 \times 100 = 10^3 \times 10^2 = 10^{3+2} = 10^5$$

지수의 밑이 동일할 때 나눗셈:

$$x^a \div x^b = \frac{x^a}{x^b} = x^{a-b} \qquad \text{(식 1-8)}$$

(계산 예)

$$1000 \div 100 = 10^3 \div 10^2 = 10^{3-2} = 10^1 = 10$$

복잡한 지수계산:

$$(x^a y^b)^c = x^{ac} y^{bc} \qquad \text{(식 1-9)}$$

(계산 예)

$$(x^2 y^3)^4 = x^{2\times 4} y^{3\times 4} = x^8 y^{12}$$

(계산 예)

$$(9\times 1000)^2 = (3^2 \times 10^3)^2 = 3^{2\times 2} \times 10^{3\times 2} = 3^4 \times 10^6 = 81 \times 10^6$$

1.1.5 도형의 면적

도형의 면적을 구하는 문제는 아주 오래 전부터 중요하게 다루어져 왔다. 자신이 소유한 땅의 크기를 잰다든지 집의 크기를 표시하는 등의 문제로 도형의 면적을 계산하는 문제는

공학적 계산에서 자주 부딪치는 문제이다. 실제 기업 현장에서 만나는 도형의 대부분은 기본 도형으로 직사각형, 삼각형, 원과 같은 것이며 이 도형들에 대한 계산 방법은 공학적 문제 해결에 있어서 중요한 것이므로 여기에서 간단하게 다루도록 한다.

직사각형 면적: 가로 길이 a, 세로 길이 b

$$A = a \times b = ab \qquad \text{(식 1-10)}$$

(계산 예) 가로 길이 6mm, 세로 길이 3mm인 직사각형의 면적 계산

$$A = 0.006 \times 0.003 = 6 \times 10^{-3} \times 3 \times 10^{-3} = 6 \times 3 \times 10^{-3-3} = 18 \times 10^{-6}(m^2)$$

삼각형 면적: 밑변의 길이 a, 높이 h

$$A = \frac{1}{2} \times a \times h = \frac{1}{2}ah \qquad \text{(식 1-11)}$$

(계산 예) 밑변의 길이 6cm, 높이 3cm인 삼각형의 면적 계산

$$A = \frac{1}{2} \times 0.06 \times 0.03 = \frac{1}{2} \times 6 \times 10^{-2} \times 3 \times 10^{-2}$$

$$= \frac{1}{2} \times 6 \times 3 \times 10^{-4} = 0.9 \times 10^{-3}(m^2)$$

원 면적: 반지름 r이고 지름 $d(=2r)$인 원

$$A = \pi r^2 = \frac{\pi}{4}d^2 \qquad \text{(식 1-12)}$$

(계산 예) 직경이 10cm인 원의 면적 계산

$$A = \frac{\pi}{4} \times 0.1^2 = 0.0078539... = 0.00785 = 7.85 \times 10^{-3}(m^2)$$

1.1.6 피타고라스의 정리

고대 이집트에서는 나일강이 범람하고 나면 나일강 주변에 농지를 소유한 사람들이 자신의 땅을 다시 확보하기 위해 도형의 면적을 계산하는 방법을 매우 오래 전부터 알고 있었다. 고대 이집트와 메소포타미아 지역에 살았던 사람들이 땅의 면적 계산에 사용한 수학적 방법이

피타고라스의 정리로 이것은 다양한 공학적 접근 방법에서 사용할 수 있는 원리이므로 이에 대해 살펴보도록 하자.

피타고라스 정리: 직각삼각형의 빗변의 길이 c, 밑변의 길이 a, 높이 b

$$c^2 = a^2 + b^2 \qquad \text{(식 1-13)}$$

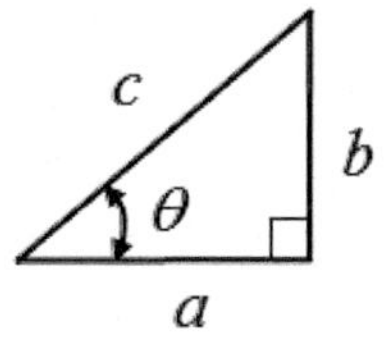

여기서 $\sin\theta = \frac{b}{c}$, $\cos\theta = \frac{a}{c}$, $\tan\theta = \frac{b}{a}$라고 정의하면,

$$\frac{c^2}{c^2} = \frac{a^2}{c^2} + \frac{b^2}{c^2} \rightarrow 1^2 = \sin^2\theta + \cos^2\theta \rightarrow \sin^2\theta + \cos^2\theta = 1 \qquad \text{(식 1-14)}$$

1.1.7 삼각비

앞에서 살펴 본 sin 함수와 cos 함수의 정의를 이용하면, 직각삼각형의 빗변의 길이와 각도를 이용하여 밑변의 길이와 높이를 계산할 수 있다.

$$b = c \times \sin\theta, a = c \times \cos\theta \qquad \text{(식 1-15)}$$

(계산 예) 아래와 같은 직각 삼각형에서 밑변의 길이와 높이를 구하세요.

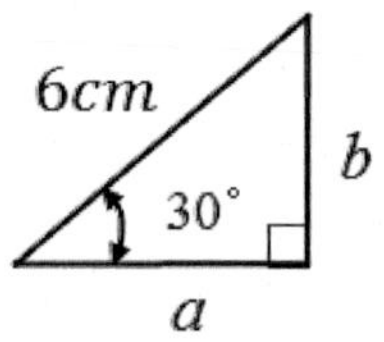

$$b = 6 \times \sin 30° = 3cm, a = 6 \times \cos 30° = 5.20cm$$

1.1.8 미분

수학에 있어서 미분(differential)을 정의할 때 간단하게 말하면 아주 잘게 나누는 것이다. 공간을 아주 잘게 나누어서 아주 얇은 공간이 되는 게 아니라 하나의 면이 되도록 만들고,

면을 아주 잘게 나누어서 선으로 만드는 것이다. 그래서 3차원이 2차원이 되고 2차원이 1차원이 되는 것, 즉 차수가 낮아지는 것을 말한다. 복잡한 수학적 접근 방법을 피해 간단하게 설명하면, 미분은 미분하고자 하는 점에서의 기울기라고 생각하면 될 것이다. 그러면 함수 중 가장 간단한 형태 중 하나인 다항식의 미분에 대해 살펴보도록 하자.

다항식의 미분:

$$\frac{dy}{dx} = \frac{d}{dx}(x^n) = nx^{n-1} \qquad \text{(식 1-16)}$$

(사용 예) 다항식 $y = 2x^4 + 3x^3 - x^2 - 4x + 2$를 미분하세요.

$$\frac{d}{dx}(2x^4 + 3x^3 - x^2 - 4x + 2) = 8x^3 + 9x^2 - 2x - 4$$

1.1.9 적분

적분(integral)은 미분과 반대로 선을 무한히 많이 더해서 면적을 만들고 또 면을 무한히 많이 더해서 공간을 만드는 것이다. 그러면 함수 중 가장 간단한 형태 중 하나인 다항식의 적분에 대해 살펴보도록 하자.

다항식의 적분:

$$\int x^n dx = \frac{1}{n+1}x^{n+1} + C \qquad \text{(식 1-17)}$$

여기서 C는 적분상수이며 문제에 따라 주어진 조건을 이용하여 구할 수 있다.

(사용 예) 다항식 $y = 2x^4 + 3x^3 - x^2 - 4x + 2$를 적분하세요.

$$\int (2x^4 + 3x^3 - x^2 - 4x + 2)dx = \frac{2}{5}x^5 + \frac{3}{4}x^4 - \frac{1}{3}x^3 - 2x^2 + 2x + C$$

1.1.10 단위의 종류

수학적 세상과 달리 실제 세상은 다양한 물리적 특징을 지니고 있다. 모든 물체는 공간 안에 존재하므로 길이의 단위가 필요하고 물체가 이동하기 위해서는 시간이 걸리므로 시간의 단위가 필요하다. 그리고 물체의 덩어리 자체에서 나오는 특성 즉, 질량이라는 단위가 필요하며 물체의 에너지를 간접적으로 알 수 있는 온도라는 단위도 필요하다. 이와 같이 길이, 시간, 질량, 온도를 기초 단위라고 하고 기초 단위가 여러 가지 방식으로 조합되면 보충 단위가 만들어진다. 보충 단위에 대표적인 것이 힘, 각도, 압력, 모멘트, 에너지, 동력과 같은 것들이 있다.

단위를 사용할 때 나라마다 다양한 종류의 단위계가 있다. 예를 들어 미국에서는 USCS (United States customary units)를 사용하는데 길이로 인치(inch)나 피트(ft)와 같은 단위를 쓴다. 이것은 영국 단위계에서 유래한 것이다. 나라마다 서로 다른 단위계를 쓰면 소통에 있어서 어려움이 발생하므로 대부분의 나라에서는 단위계를 통일하여 SI(System Of International Unit, 국제 단위계) 단위계를 사용하고 있다. 그러므로 본 교재에서는 SI 단위계를 기본적으로 사용하고 필요할 때에는 일부 나라의 단위계를 사용할 것이다.

우리가 모두 공통적으로 SI 단위계를 사용한다 해도 단위의 크기가 너무 크거나 작으면 표시하는 데 어려움을 겪을 수 있다. 그러므로 기본 단위를 정하고 나머지를 간단하게 표시하는 방법을 찾는 것이 좋을 것이다. 예를 들어, 길이 단위에는 미터(m), 킬로미터(km), 센티미터(cm), 밀리미터(mm) 등이 있다. 그 중에서 미터를 기본 단위로 쓰고 나머지 단위는 기본 단위로 변환하면 된다. 그러면 SI 단위에서 기초 단위와 보충 단위를 정리해 보고 크고 작은 단위를 기본 단위로 표시하는 방법을 살펴보도록 하자.

[표 1] SI 단위계

기초 단위				보충 단위				
길이	시간	질량	온도	각도	힘	압력	모멘트	에너지
m	sec	kg	℃	(rad)	N	Pa	N · m	J
km	min	g	℉	°	kN	kPa	kN · m	kJ
cm	hrs	mg	K		kgf	MPa		
mm						GPa		

각 단위의 가장 위에 적힌 것은 기본적으로 사용하는 것으로 다르게 표시된 것은 기본 단위로 변환해야 한다. 이에 대한 표시방법을 길이 단위를 사례로 아래 표에 설명하였다.

[표 2] 크고 작은 단위 표시법(길이 단위)

길이 단위	기본 단위 표시 1	기본 단위 표시 2	읽는 법
1Gm	1,000,000,000m	10^9m	Giga(기가)
1Mm	1,000,000m	10^6m	Mega(메가)
1km	1,000m	10^3m	kilo(킬로)
1m	1m	1m	-
1cm	0.01m	10^{-2}m	centi(센티)
1mm	0.001m	10^{-3}m	mili(밀리)
1㎛	0.000001m	10^{-6}m	micro(마이크로)
1㎚	0.000000001m	10^{-9}m	nano(나노)

크고 작은 단위의 실제 사용 예를 살펴보면 아래 표와 같다.

[표 3] 크고 작은 단위의 실제 사용 예

10^x	10^9	10^6	10^3	10^{-2}	10^{-3}	10^{-6}	10^{-9}
표시법	Giga	Mega	kilo	centi	mili	micro	nano
사용 예	207GPa (탄성계수)	300MPa (항복강도)	6,365km (지구반경)	170cm (키)	0.1mm (머리카락)	10㎛ (세포)	0.1㎚ (원자)

1.1.11 단위 환산법

앞에서 살펴본 대로 SI 단위계에서는 대부분의 경우 10^3을 기준으로 표시하는 방법을 사용하고 있지만 그렇지 않은 경우도 있다. 예를 들어 시간 단위에서 1min은 60sec이며 1hrs은 60min이며 동시에 3,600sec로 표시할 수도 있다. 온도의 경우도 각각의 정의에 따라 섭씨(℃)를 화씨(℉)로 바꾸는 특별한 수식을 사용해야 하며 각도의 경우에는 일반적으로 사용하는 디그리(degree)를 라디안(radian)으로 바꾸어야 한다. 또한 힘의 단위 역시 kgf를 기본 단위인 뉴턴(N)으로 바꾸어야 하는데 단위 환산에 있어서 특별한 몇 가지에 대해 상세히 살펴보도록 하자.

시간 단위 변환:

$$1hrs = 60\text{min} = 3,600\text{sec},\ 1\text{min} = 60\text{sec}$$

(사용 예) 15분을 기본 단위로 변환하세요.

$$15\text{min} = 15 \times 60 = 900\text{sec}$$

온도 단위 변환:

C는 섭씨(℃), F는 화씨(°F), K는 절대온도(K, 켈빈)

$$C=\frac{F-32}{1.8}, \quad C=K-273.15 \tag{식 1-18}$$

(사용 예) 86°F를 온도의 기본 단위인 섭씨 온도로 변환하세요.

$$C=\frac{86-32}{1.8}=\frac{54}{1.8}=30℃$$

각도 단위 변환:

$$360^\circ=2\pi \rightarrow 1^\circ=\frac{\pi}{180} \tag{식 1-19}$$

(사용 예) 70°를 각도의 기본 단위인 라디안으로 변환하세요.

$$1^\circ=\frac{\pi}{180} \rightarrow 70^\circ=70\times 1^\circ=70\times\frac{\pi}{180}=1.22(rad)$$

힘의 단위 변환:

W는 중력 또는 힘(N), m은 질량(kg), g는 중력가속도($9.81\mathrm{m/sec^2}$)

$$W=mg \tag{식 1-20}$$

(사용 예) 70kg의 질량을 가진 사람의 몸무게를 힘의 기본 단위로 계산하세요.

$$W=mg=70\times 9.81=687N$$

각속도 단위 변환:

ω는 각속도(rad/sec), N은 분당 회전수(rpm)

$$\omega=\frac{2\pi N}{60} \tag{식 1-21}$$

(사용 예) 분당 회전수가 200rpm인 모터의 각속도를 기본 단위로 변환하세요.

$$\omega=\frac{2\pi N}{60}=\frac{2\pi\times 200}{60}=20.9rad/\mathrm{sec}$$

1.2 재료의 종류

재료의 종류는 크게 고체, 액체, 기체로 나눌 수 있다. 물을 예로 들면, 얼음은 고체이고 물은 액체이며 수증기는 기체이다. 액체의 종류에는 물을 비롯하여 석유, 주스, 우유, 액화 산소 등이 있고 기체의 종류에는 수증기, 공기, 산소, 수소와 같은 것들이 있다. 고체의 종류에는 철, 알루미늄과 같은 금속과 플라스틱, 고무와 같은 폴리머가 있으며 유리와 시멘트 같은 세라믹 재료도 있다. 고체의 가장 큰 특징은 스스로 자기 형상을 유지할 수 있다는 점이다.

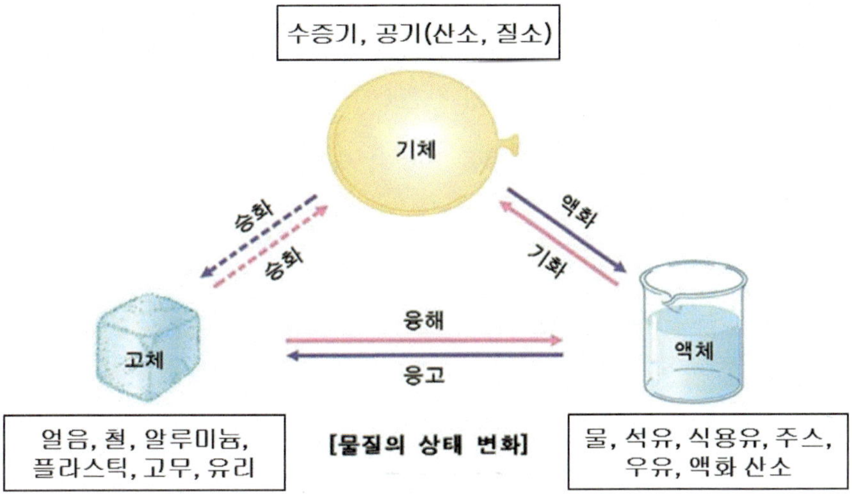

[그림 1-1]

이러한 고체 재료를 이용하여 사람들이 사용하는 제품을 만들기 위해 필요한 가장 기초적인 요소는 무엇일까? 그것은 바로 힘이다. 힘이 가해지면 고체의 형상이나 크기 및 강도를 변화시켜 사람들의 필요에 적합한 제품을 만들 수 있다.

힘의 종류는 크게 체적력과 표면력으로 나눌 수 있는데, 체적력은 물체의 덩어리 자체에서 나오는 힘으로 기계공학에서 볼 때 간단하게 중력이라고 말할 수 있다. 표면력은 외부에서 물체의 표면에 가해지는 힘으로서 크게 5가지로 분류할 수 있다. 물체를 당기는 힘 인장하중, 물체를 누르는 힘 압축하중, 물체를 자르는 힘 전단하중, 물체를 휘게 하는 힘 굽힘하중, 물체를 비트는 비틀림하중이 그것이다. 고체 재료에 외부에서 5가지 힘을 가하면 다양한 모양의 형상을 만들 수 있으며 그런 과정의 최종 결과물이 바로 우리가 사용하는 다양한 형상과 기능의 제품이다.

[그림 1-2] 5가지 힘에 의한 형상의 변화

< 철광석 > < 철 강판 > < 자동차 >

[그림 1-3] 재료에 힘을 가하여 제품을 만드는 과정

1.3 역학의 역사

역학이란 힘이 작용하고 있는 물체의 정지 상태(정역학)나 운동 상태(동역학)를 다루는 물리학의 한 분야이다. 공업역학(정역학, 동역학)에서는 외부에서 표면력이 가해질 때 물체의 외적인 평형 상태와 운동 상태를 다루는 것에 비해 재료역학은 물체의 외부로부터 표면력이 가해질 때 물체의 내부 변화를 다루는 학문이라고 할 수 있다. 내부 변화의 종류로는 물체의 내력(응력)과 움직임(변형율)이 대표적인 것이며 재료역학을 통해 앞으로 자세하게 다루게 될 것이다.

[그림 1-4] 아르키메데스의 지렛대와 뉴턴의 사과

그러면 지금부터 이러한 역학이 언제 시작되었고 어떻게 발전되어 왔는지 살펴보자. 문헌으로 기록된 최초의 역학은 아르키메데스(BC 287~212)로부터 시작된다고 볼 수 있다. 그는 부력의 원리를 발견하였을 뿐 아니라 지렛대의 원리를 이용하여 투석기와 기중기를 개발하였다. 이후 역학의 많은 발전이 이루어졌으며 스테비너스(AD 1548~1620)에 의해 벡터 조합의 법칙이 정리되었고, 갈릴레오 갈릴레이(AD 1564~1642)에 의해 돌의 낙하 원리 등을 통해 동역학적 진보가 있었으며, 얼마 후 아이작 뉴턴(AD 1642~1727)에 의해 만유인력(중력)의 법칙과 운동의 법칙이 정리되어 오늘에 이르고 있다.

1.4 힘의 분해와 합성

1.4.1 좌표계

재료역학에서 재료에 가해지는 힘과 재료 내부에서 발생하는 내력, 재료의 움직임을 표현하기 위해서는 상호 간 합리적인 의사소통을 위해 기준이 필요하다. 위치와 방향을 표시하기 위해 사용되는 대표적인 의사소통 기준으로 좌표계가 있다. 좌표계는 동일한 물체에 대하여 서로 다른 사람이 동일하게 인식하여 합리적으로 의사소통을 할 수 있도록 도와주는 위치 표시 체계이다. 대표적인 좌표계가 직교좌표계이며 그 외에도 원통좌표계와 구면좌표계 등이 있다. 재료역학에서는 대부분 직교좌표계를 사용할 것이며 세 가지 좌표계의 특징에 대하여 간단히 살펴보자.

[그림 1-5] 직교좌표계

직교좌표계는 3차원 공간을 x, y, z라는 세 개의 수직선을 교차하여 물체의 위치를 표시하는 방법으로 세 개의 직선이 만나는 점을 원점으로 삼고 물체가 위치한 x, y, z의 수의 크기를 표시하여 물체의 위치를 나타내는 방법이다. 그러므로 직교좌표계에서는 세 개의 직선으로 물체의 위치를 표시한다. 예를 들어 진열장의 모양은 사각형 모양으로 직교좌표계를 사용하면 진열장에 놓인 물체의 위치를 표시하기 쉽다.

이에 비해 통조림 캔과 같은 원통형 모양의 물체를 표현할 때에는 원통좌표계가 편리하다. 원통좌표계는 두 개의 직선과 한 개의 각도로 물체의 위치를 표시하는 것으로 공작물을 가공하는 선반과 같은 공작기계의 가공 현상을 설명할 때 편리하다.

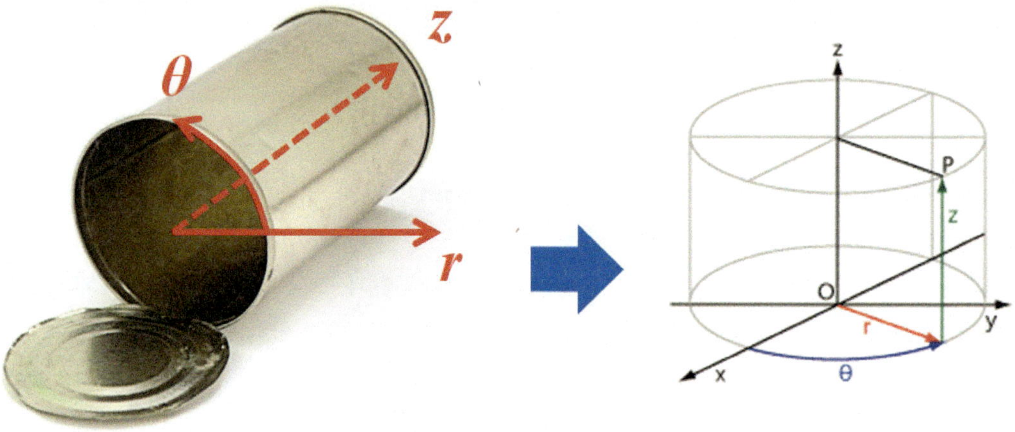

[그림 1-6] 원통좌표계

지구와 천체, 또는 축구공과 같이 구 형상을 가진 물체나 공간을 표현할 때에는 구면좌표계가 편리하다. 구면좌표계는 한 개의 직선과 두 개의 각도로 물체의 위치를 표시하는 것으로 천문학에서 별의 위치나 행성의 운동을 설명할 때 편리하다.

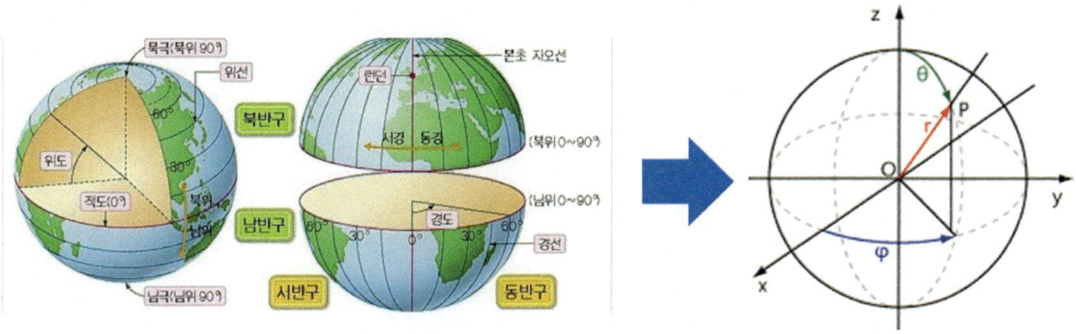

[그림 1-7] 구면좌표계

1.4.2 벡터와 스칼라

공학적 문제를 해결하는 과정에서 우리는 다양한 물리량을 다루게 되는데 물리량은 크기만 표시하는 것과 크기와 방향을 모두 표시하는 것으로 나눌 수 있다. 크기만 표시하는 것을 스칼라(scalar)라고 하고 크기와 방향을 모두 표시하는 것을 벡터(vector)라고 한다. 온도가 몇 도인가 이야기할 때 크기만 말해도 온도를 표시할 수 있으므로 온도는 스칼라에 해당된다. 사람의 키를 말할 때에도 마찬가지이다. 그러나 길을 물어볼 때에는 왼쪽으로 200m를 가면 된다고 말하기 때문에 크기(200m)와 방향(왼쪽)을 모두 표시하는 벡터에 해당된다. 힘의 경우 크기와 방향을 모두 표시해야 하는데, 예를 들어 중력은 W=mg로 크기를 계산하고 그 방향은 지구 중심방향이므로 크기와 방향을 모두 표시하게 되므로 벡터에 해당된다. 재료역학에서 다루게 되는 힘은 벡터이므로 지금부터 벡터를 표시하는 방법을 배우도록 할 것이다.

1.4.3 힘의 표시법

힘은 벡터이기 때문에 크기와 방향을 모두 표시해야 한다. 그리고 힘이 작용하는 위치가 특정되어 있다면 작용점도 표시하면 힘을 분석하는 데 유리하다. 작용점은 표시하지 않아도 상황에 따라 알 수 있고 어떤 경우에는 필요하지 않을 수도 있다. 그러나 크기와 방향은 반드시 표시해야 한다. 벡터를 표시하는 가장 쉽고 편리한 방법은 화살표로 표시하는 것인데 힘의 크기는 화살표의 길이로 표시하고 방향은 각도로 표시하면 된다. 이때 화살표에 크기 값을 쓰고 방향은 각도 값을 적으면 된다.

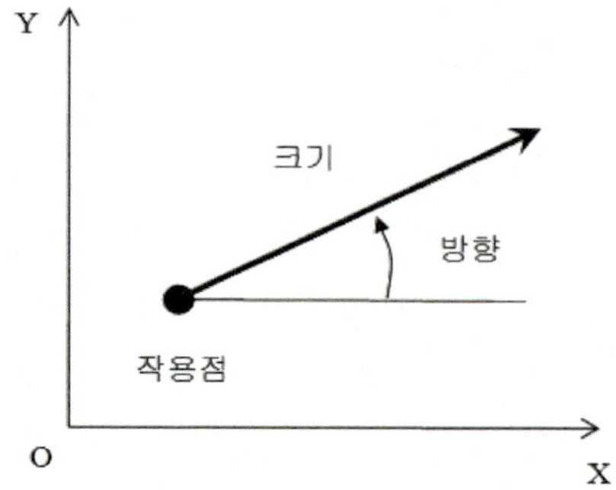

[그림 1-8] 힘의 표시법

1.4.4 힘의 분해

아프리카 초원에서 드럼물통(Hippo water roller)을 끌고 가는 어린 아이의 모습을 생각해 보자. 드럼물통에는 중력(gravity)이 작용하고 있고 어린 아이가 잡아끌고 있는 줄에 의해 장력(tension)이 가해지고 있으며 드럼물통과 바닥 사이에서는 수직항력(normal force)과 마찰력(friction)이 발생하게 될 것이다. 중력의 크기는 물통의 질량과 중력가속도의 곱으로 계산을 할 수 있고 방향은 지구 중심 방향이 될 것이다. 장력의 크기는 어린 아이가 당기는 힘의 크기이고 방향은 당기는 줄의 방향이 될 것이다. 수직 항력의 크기는 장력과 중력의 크기에 따라 결정될 것이고 방향은 드럼물통이 지면에 닿는 면에 수직방향이 될 것이며, 마찰력의 크기는 $f = \mu N$으로 계산할 수 있고 마찰력은 저항력으로 작용하기 때문에 마찰력의 방향은 물체가 움직이는 반대방향이 될 것이다. 여기서 f는 마찰력, μ는 마찰계수, N은 수직항력이다.

드럼물통에 가해진 힘을 모두 표시한 결과를 고려하여 직교좌표계를 정하면, 지면의 오른쪽 방향을 x로 두고 지면에서부터 하늘로 향하는 방향을 y로 두는 것이 편리할 것이다. 참고로 좌표계의 방향은 편리한대로 독자가 정하면 된다. 그러면 중력, 수직항력, 마찰력은 좌표계의 방향과 일치하지만 장력의 경우에는 좌표계와 일정한 각도를 두고 경사진 방향이다. 경사진 방향에 대해서는 힘의 계산이 불가능하므로 장력을 x-방향과 y-방향으로 나누어 T_x와 T_y로 는 것이 편리하다. 그러면 모든 힘이 x, y의 방향과 일치하여 x, y 방향 각각에 대하여 더하고 뺄 수 있다. 이러한 작업을 힘의 분해라고 하는데 그 과정을 간단하게 정리해 보도록 하자.

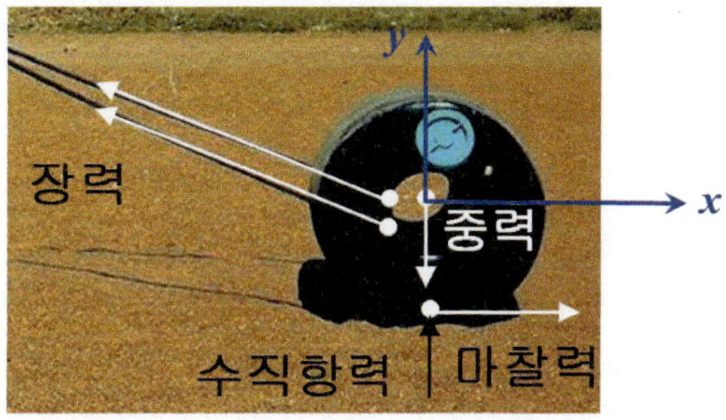

[그림 1-9] Hippo water roller에 가해진 힘의 표시 및 좌표계 설정

좌표계와 경사진 힘에 대한 분해 방법은 다음과 같다. 먼저 경사진 힘(F)를 각 좌표계 x, y에 수직선을 내려 F_x 및 F_y로 표시한다. 그 다음으로 F와 좌표계 사이에 낀 각을 이용하여 F_x와 F_y를 구하면 된다. 각이 낀 분력은 $F\cos\theta$로 계산하고 각이 끼어 있지 않은 분력은 $F\sin\theta$로 계산하면 된다.

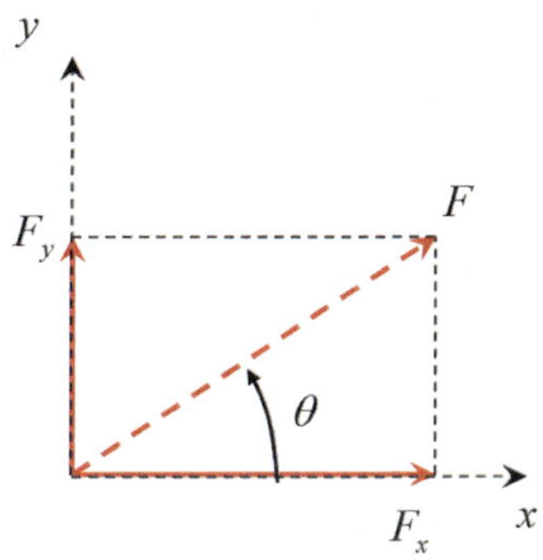

$$F_x = F\cos\theta$$
$$F_y = F\sin\theta$$

[그림 1-10] 힘의 분해 방법

[예제 1] 아래 그림과 같이 100N의 힘을 줄에 가했을 때 수평 및 수직 방향 분력을 계산하라.

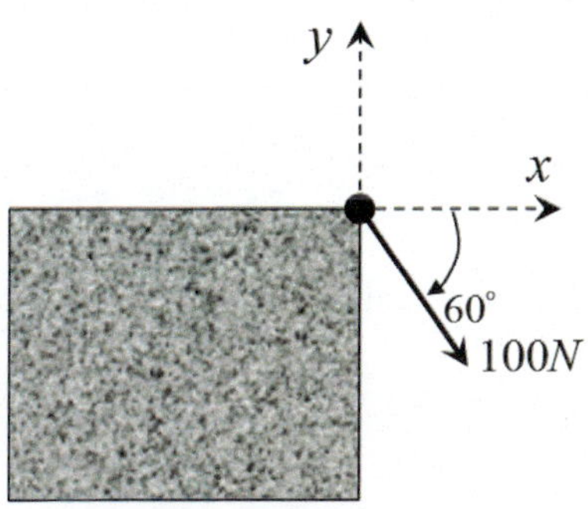

(풀이)

$$F_x = F\cos\theta = 100\cos 60^\circ = 50N$$
$$F_y = -F\sin\theta = -100\sin 60^\circ = -86.6N$$

[중요] F_x는 x-좌표계와 방향이 일치하므로 (+) 값으로 계산되고, F_y는 y-좌표계와 방향과 반대 방향이므로 (-) 값으로 계산된다.

1.4.5 힘의 합성

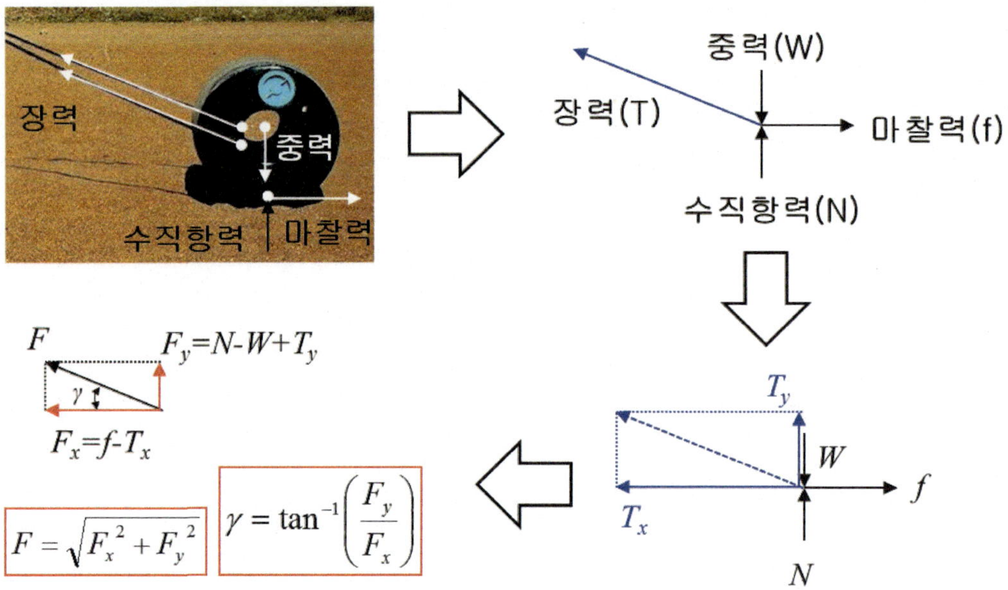

[그림 1-11] 힘의 분해 및 합성 과정

물드럼통에 표시된 힘을 모두 분해하여 x, y 방향으로 각각 표시하고 나면 각 방향으로 표시된 힘을 더하고 빼는 계산과정을 통하여 x-방향으로 1개의 힘, y-방향으로 1개의 힘을 계산해낼 수 있다. 물드럼통에 표시된 힘의 종류가 몇 개가 되든 상관없이 분해된 힘을 모두 더하면 x, y 방향으로 각각 1개씩 나오게 된다. 그러면 F_x와 F_y를 다시 1개의 힘으로 표시하면 최종적으로 물드럼통에 가해진 1개의 힘으로 나타낼 수 있고 최종적으로 계산된 힘의 크기와 방향에 따라 물드럼통의 움직임을 파악할 수 있을 것이다. 이와 같이 F_x와 F_y를 1개의 힘 F로 다시 합치는 과정을 힘의 합성이라고 한다. 이제부터 힘의 합성 과정을 자세하게 살펴보도록 하자.

물드럼통을 예를 들어보면 힘을 분해한 결과 x-방향에는 마찰력과 장력의 x-방향 성분만

남아 있으므로 이 두 개의 힘을 더하여 F_x라고 하자. y-방향에는 중력과 수직항력, 장력의 y-방향 성분이 있으므로 이를 모두 더하여 F_y라고 하면, 결국 물드럼통에 가해진 모든 힘은 x-방향의 F_x와 y-방향의 F_y로 두 개의 힘만 남게 된다. 서로 수직 상태에 있으므로 두 개의 힘을 더하는 과정이 바로 힘의 합성 과정인데 이는 두 개의 단계로 나눌 수 있다. 첫째는 힘의 크기를 구하는 과정, 둘째는 힘의 방향을 구하는 과정이다. 힘의 크기는 피타고라스 정리를 이용하여 직각 삼각형의 밑변과 높이를 제곱하여 더한 값에 제곱근을 계산하여 구할 수 있다. 힘의 방향은 직각 삼각형의 높이를 밑변의 길이로 나눈 값이 tan로 나타나는 것을 이용하여 구할 수 있다. 이 과정을 정리하면 아래 식과 같다.

힘의 합성 과정:

1단계 $F = \sqrt{F_x^2 + F_y^2}$ (식 1-23)

2단계 $\gamma = \tan^{-1}\left(\frac{F_y}{F_x}\right)$ (식 1-24)

지금까지 설명한 과정을 정리하여 그림과 수식으로 표현하면 아래와 같다.

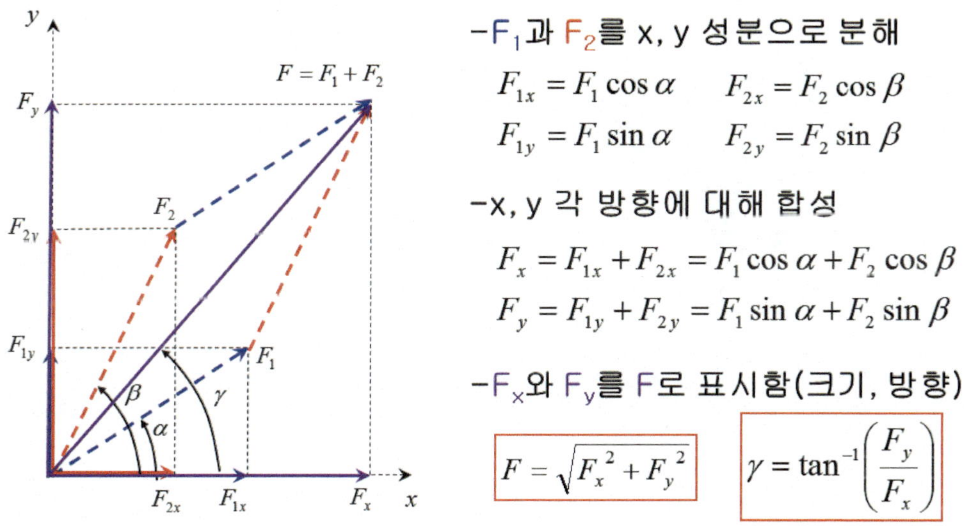

[그림 1-12] 힘의 합성 과정 정리

[예제 2] 아래 그림과 같이 두 개의 힘을 지지하고 있는 링이 있다. 이 링이 지지하는 힘의 합력을 구하여라.

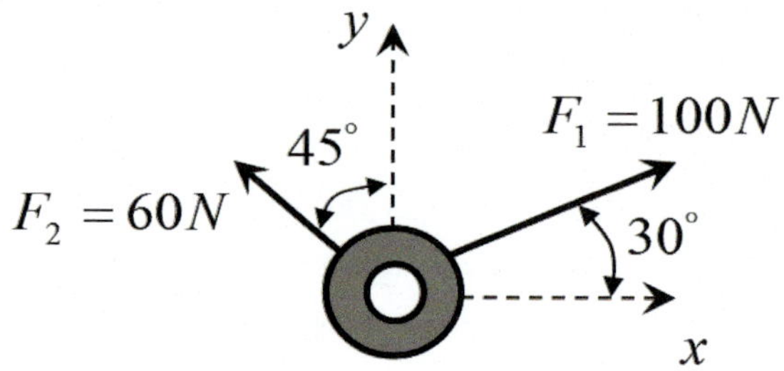

(풀이)

힘을 모두 분해한 다음 각 방향에 따라 더하면,

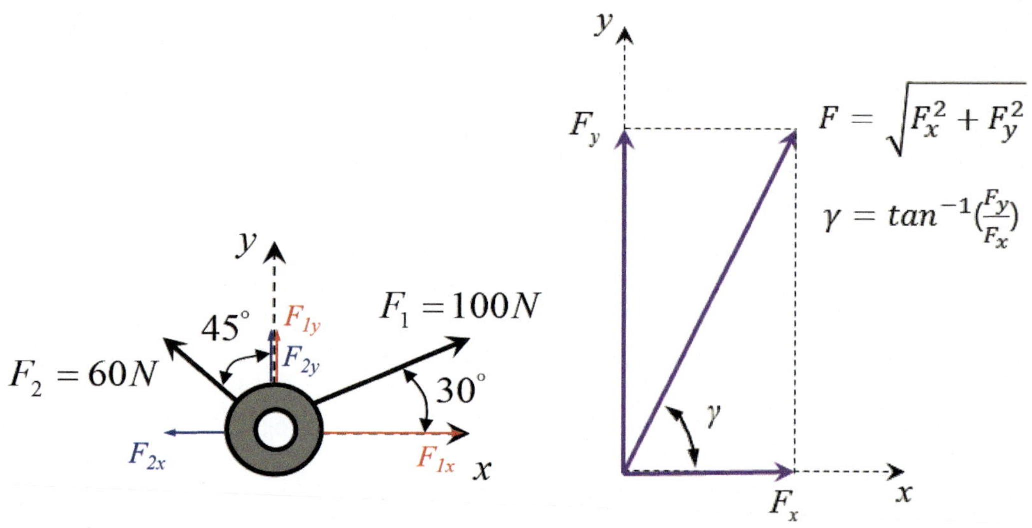

$$F_x = F_{1x} + F_{2x} = F_1\cos30^\circ - F_2\sin45^\circ = 100\cos30^\circ - 60\sin45^\circ = 44.2N$$
$$F_y = F_{1y} + F_{2y} = F_1\sin30^\circ + F_2\cos45^\circ = 100\sin30^\circ + 60\cos45^\circ = 92.4N$$

여기에서 다시 F_x와 F_y를 합성하면,

$$F = \sqrt{F_x^2 + F_y^2} = \sqrt{44.2^2 + 92.4^2} = 102N$$
$$\gamma = \tan^{-1}(\frac{F_y}{F_x}) = \tan^{-1}(\frac{92.4}{44.2}) = 64.4^\circ$$

1.5 힘과 모멘트

1.5.1 자연에 존재하는 힘의 종류

우리가 살고 있는 자연은 망원경을 통해 볼 수 있는 은하와 같이 큰 대상에서부터 현미경을 통해 관찰할 수 있는 세포와 같이 작은 대상까지 다양하게 존재한다. 그러므로 크기에 따라 자연의 계층 구조를 구분해 보는 것은 자연을 이해하는 좋은 방법이다.

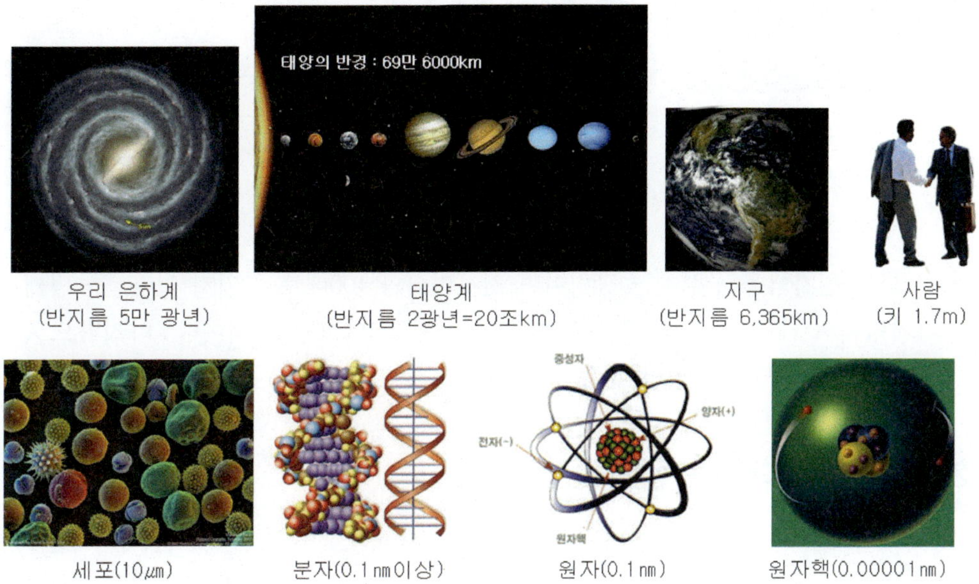

[그림 1-13] 지연의 계층 구조

우주에는 수많은 별들이 모인 은하계가 수없이 많이 존재한다. 우리가 살고 있는 지구가 속한 은하계인 우리은하계의 반지름은 5만 광년 정도 되고, 태양계는 반지름 2광년 정도로 알려져 있다. 우리가 살고 있는 지구의 반지름은 6,365km이고 대부분의 사람들의 키는 2m를 넘지 않는다. 사람의 몸을 이루는 세포의 크기는 10㎛ 정도 되고 분자는 0.1nm 이상의 크기이며 원자핵의 크기는 0.00001nm 수준의 크기이다.

이렇게 크고 작은 대상들은 어떻게 자기 형상과 기능을 유지할까? 그것은 바로 우주에 존재하는 4개의 힘에 의해 자기 형상 및 기능을 유지하고 있다. 그러면 지금부터 4개의 힘 각각에 대해 간단히 살펴보도록 하자.

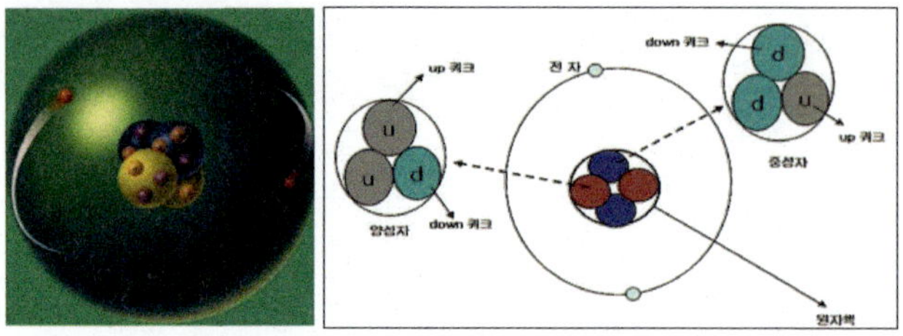

강력 : 양성자와 중성자 사이의 결합력(전자기력의 100배)

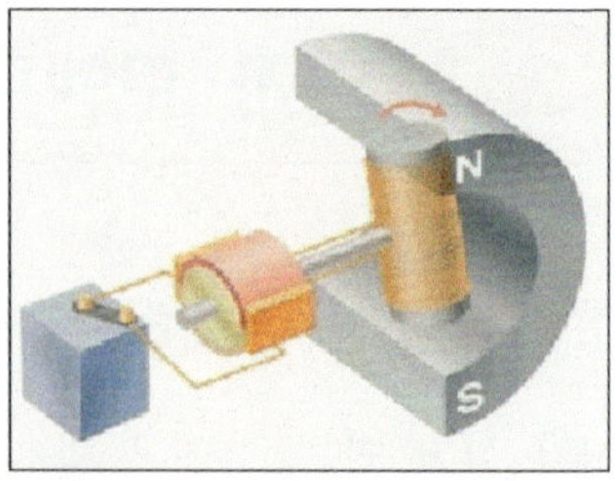

전자기력

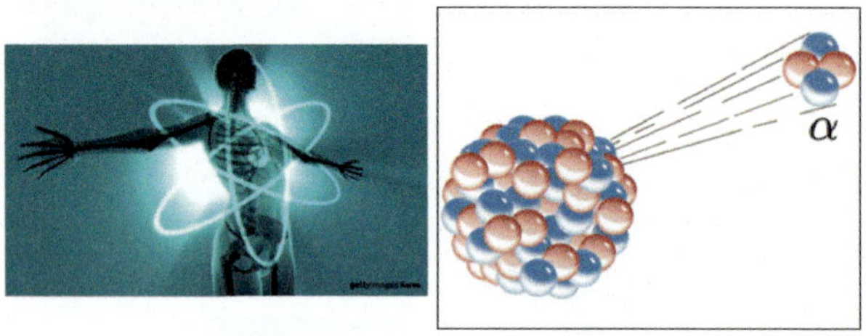

약력 : 원자핵 붕괴에서 나타나는 짧은 거리에서 작용하는 힘

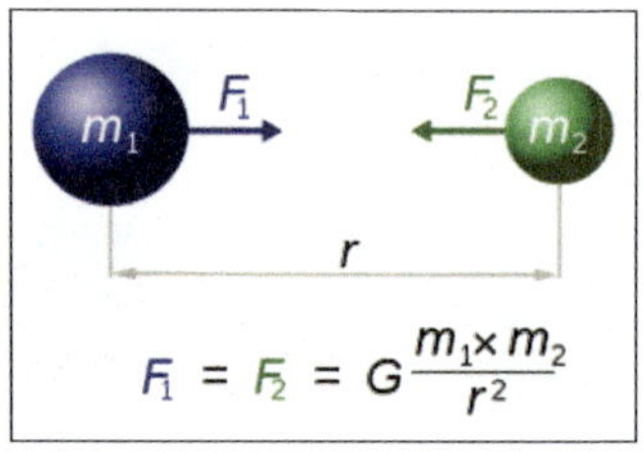

중력

[그림 1-14] 자연에서 발견되는 힘의 4가지 종류

가장 큰 힘은 원자핵을 구성하는 강력이며 전자기력의 100배로 알려져 있다. 두 번째 강한 힘은 전자기력이며 세 번째 강한 힘은 원자핵 붕괴에서 나오는 약력이다. 마지막으로 가장 약한 힘은 중력이며 별과 행성의 운동을 설명하는 중요한 힘이다.

1.5.2 역학에서 다루는 힘의 종류

기계공학에서 다루는 힘의 종류는 크게 체적력과 표면력으로 나눌 수 있다. 체적력은 물체의 덩어리 자체에서 나오는 힘으로 간단하게 중력이라고 말할 수 있다. 표면력은 5가지로 인장하중, 압축하중, 전단하중, 굽힘하중, 비틀림하중으로 나눌 수 있다.

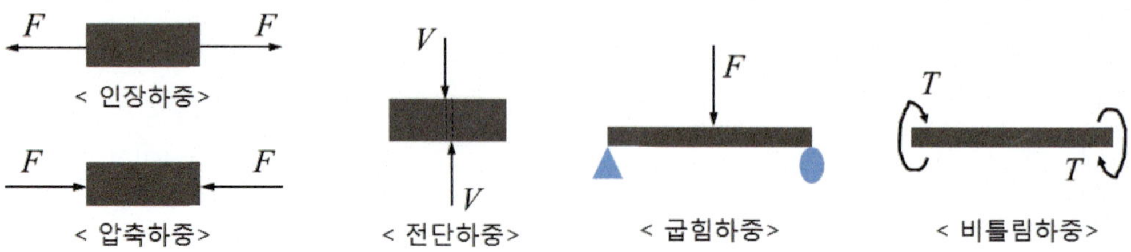

[그림 1-15] 표면력의 종류 5가지

인장하중(tensile load)은 물체를 당기는 힘이고 압축하중(compressive load)은 물체를 누르는 힘이다. 전단하중(shearing load)은 물체를 자르는 힘이고 굽힘하중(bending load)은 물체를 휘어지게 하는 힘이며 비틀림하중(torsional load)은 물체를 회전시켜 비트는 힘이다.

1.5.3 모멘트

덤벨을 이용하여 웨이트를 할 때 팔을 양 옆으로 벌려 어깨 높이로 들면 매우 힘들지만 팔꿈치를 오므린 채 덤벨을 어깨 위치로 이동하여 들면 힘이 거의 들지 않는다. 동일한 무게의 덤벨을 들었음에도 왜 이런 차이가 발생하는 것일까? 그것은 바로 힘이 가해지는 덤벨과 힘을 지지하는 어깨 사이의 거리의 차이 때문이다. 이와 같이 힘과 수직 거리를 곱한 값을 모멘트(moment)라고 한다.

[그림 1-16] 모멘트에 대한 이해

덤벨을 이용한 웨이트와 마찬가지로 시소를 탈 때에도 동일한 현상이 발생한다. 시소의 양 옆에 동일한 무게를 올리면 평형 상태를 유지할 것 같지만 양 쪽의 중심점으로부터의 거리가 다르면 시소는 회전하게 된다. 이와 같이 힘과 수직 거리를 곱한 물리량을 모멘트라고 정의한다.

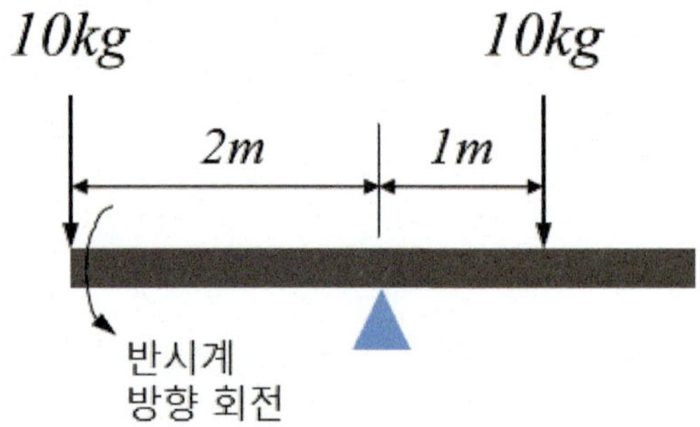

[그림 1-17] 시소와 모멘트

모멘트는 회전을 발생하는 힘의 하나이기 때문에 크기 뿐 아니라 방향도 표시해야 하는데 반시계 방향이 (+)이고 시계 방향이 (-)이다. 모멘트의 개념을 아래 그림과 같이 정리해 보았다.

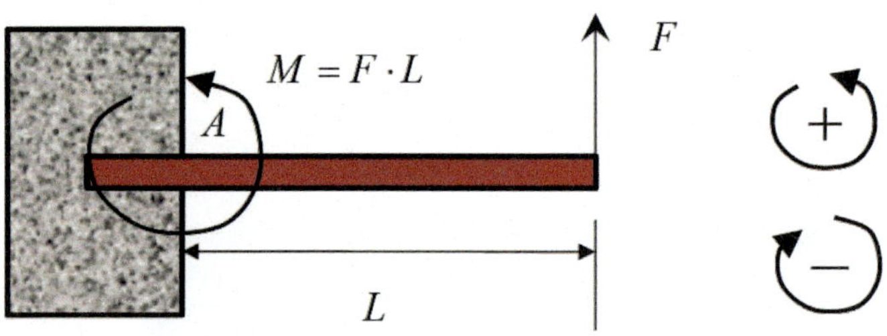

[그림 1-18] 모멘트의 크기와 방향

[예제 3] 아래 그림에서 고정점 A에 대한 모멘트의 크기를 기본단위로 구하라.

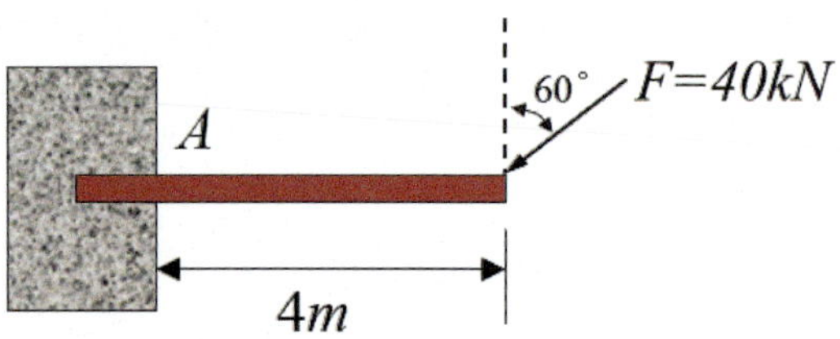

(풀이)

경사진 힘을 분해하면 F_x는 모멘트를 발생시키지 않고 F_y만 모멘트를 발생시키므로,

$$M = F_y \times L = -40\cos 60^\circ \times 10^3 \times 4 = -80kN \cdot m$$

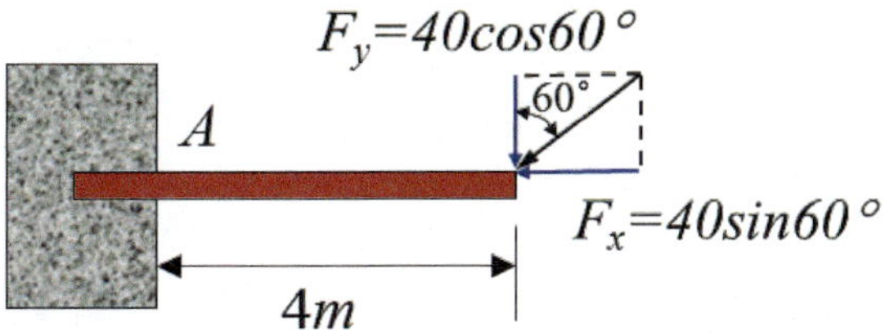

1.5.4 토크

모멘트와 비슷한 것으로 토크(torque)가 있다. 모멘트가 휘어짐과 연관성이 있다면 토크는 비틀림과 연관성이 있다. 다시 말하면 토크는 회전운동과 관련이 있다. 물체의 외면에 반지름에 수직 방향으로 힘을 가하면 도형의 중심점을 기준으로 회전 운동을 하게 되며 다름 쪽을 꽉 잡고 움직이지 않을 경우 비틀려 부러지게 된다. 이와 같은 힘을 토크라고 하며 모든 회전하는 물체에 발생하는 힘이다.

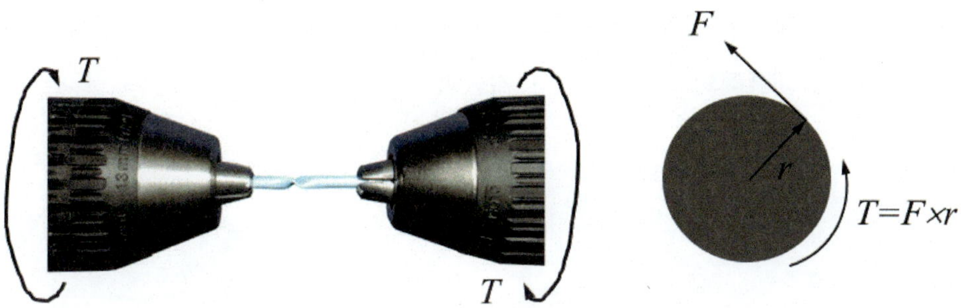

[그림 1-19] 토크에 대한 이해

1.6 구조물과 지지점의 종류

1.6.1 구조물의 종류

물체에 가해지는 힘의 종류에 따라 물체(구조물)의 이름이 정해진다. 물체를 당기는 힘, 즉 인장하중이 가해지는 구조물을 케이블(cable)이라고 한다. 케이블은 인장하중을 가하면 팽팽해지면서 인장하중을 지지하지만 압축하중이 가해지면 힘을 지지하지 못하게 된다.

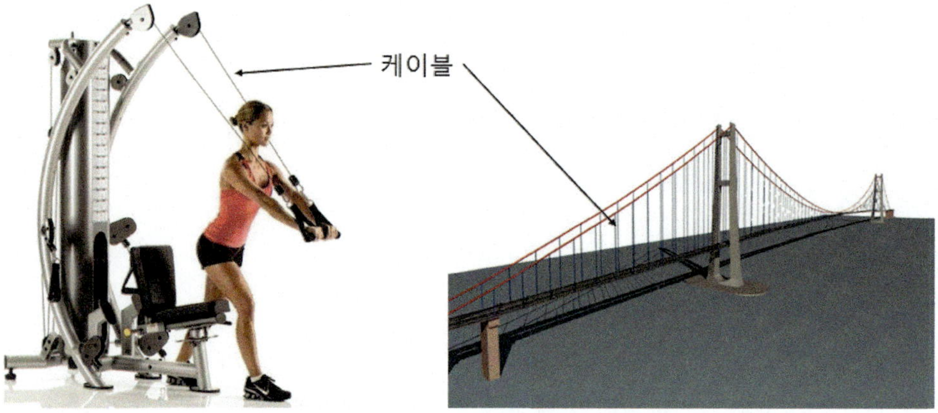

[그림 1-20] 인장하중 구조물 : 케이블

이에 달리 물체를 누르는 힘, 즉 압축하중이 가해지는 구조물은 기둥(column)이라고 부른다. 기둥 구조물은 대부분 압축하중이 가해지면 힘을 잘 지지하는 구조로 되어 있지만 상황에 따라 인장하중을 가한다 해도 힘을 지지하지 못하는 것은 아니다. 하지만 압축하중이 가해지는 구조물을 기둥이라고 부르는 이유는 기둥이 사용되는 상황 자체가 주로 압축하중이 가해지는 상황이기 때문이다. 대표적인 것이 건물의 기둥이나 피아노의 다리와 같은 것들이다.

[그림 1-21] 압축하중 구조물 : 기둥

구조물 중에는 인장하중과 압축하중을 모두 지지하는 것도 있는데 트러스(truss)라고 부른다. 트러스 구조물은 삼각형으로 구성된 기본 요소(unit)가 연속적으로 이어진 구조물이며 트러스를 구성하는 각각의 링크에는 인장하중 또는 압축하중만 가해진다. 외부에서 가해지는 하중은 핀을 통해 링크에 가해지며 각 링크에 가해지는 힘의 크기를 평형조건을 통해 계산할 수 있다.

[그림 1-22] 트러스의 사례 및 요소

전난하중이 가해지는 구조물은 특별히 불리는 이름은 없지만 우리의 일상생활에서 많이 발견할 수 있다. 전단구조물의 특징은 서로 반대 방향의 힘이 아주 가까운 거리에서 짝힘으로 작용한다는 점이다. 예를 들면 가위로 물건을 자를 때 가위를 이루는 두 개의 날이 서로 반대 방향으로 움직이면서 짝힘으로 작용하여 물건을 자르는 원리이다. 옷걸이도 마찬가지인데 접착제를 이용하여 벽에 접합한 옷걸이에 옷을 걸면 중력에 의해 옷 무게가 아래 방향으로 작용하고 벽은 반력으로 옷걸이의 접착제에 윗 방향으로 작용하여 접착제로 붙은 부분이 떨어져 고장나게 된다.

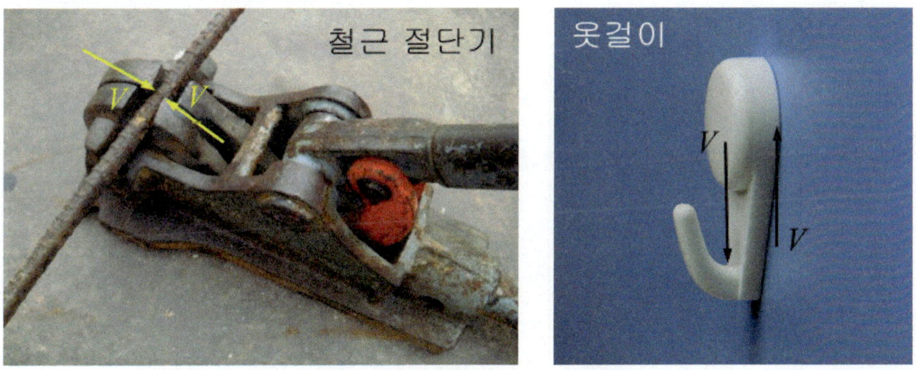

[그림 1-23] 전단하중 구조물

굽힘하중이 가해지는 구조물은 보(beam)이라고 한다. 건설 현장에서 많이 사용하는 'I자 보'가 대표적이며 교각도 보의 사례에 해당된다. 보를 정의할 때 가장 중요한 것은 가늘고 길어야 하며 외부에서 가해지는 힘의 방향은 보의 길이 방향에 수직 방향이어야 한다.

[그림 1-24] 굽힘하중 구조물 : 보

비틀림하중이 가해지는 구조물은 축(shaft)라고 하며 대부분의 경우 회전하는 구조물이 이에 해당된다. 자동차를 비롯하여 비행기, 선박, 자전거, 모터 등에 사용되는 회전 구조물이 축에 해당되며 일부 정지 상태에서 비틀림하중을 지지하는 구조물도 있다.

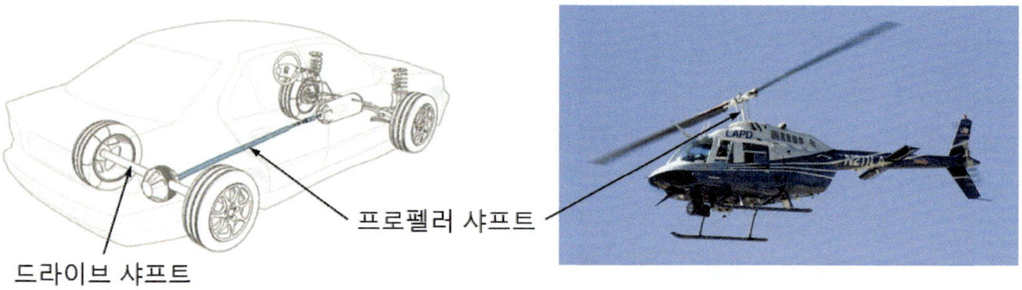

[그림 1-25] 비틀림하중 구조물 : 축

1.6.2 지지점의 종류

재료역학에서 사용하는 지지점의 종류는 힌지, 롤러, 고정점으로 크게 세 가지 정도이다. 힌지는 x, y-방향으로 움직이지 못하기 때문에 해당 방향으로 지지점 반력이 발생하지만 자유롭게 회전되므로 회전에 대한 지지점 반력은 없다. 롤러는 y-방향으로 움직이지 못하기 때문에 해당 방향으로 지지점 반력이 발생하지만 x-방향으로 자유롭게 움직이고 회전도 자유롭게 되므로 x-방향과 회전에 대한 지지점 반력이 없다. 마지막으로 고정점은 x, y-방향으로 움직이지 못하고 회전도 할 수 없으므로 해당 방향에 대해 모두 지지점 반력이 발생한다.

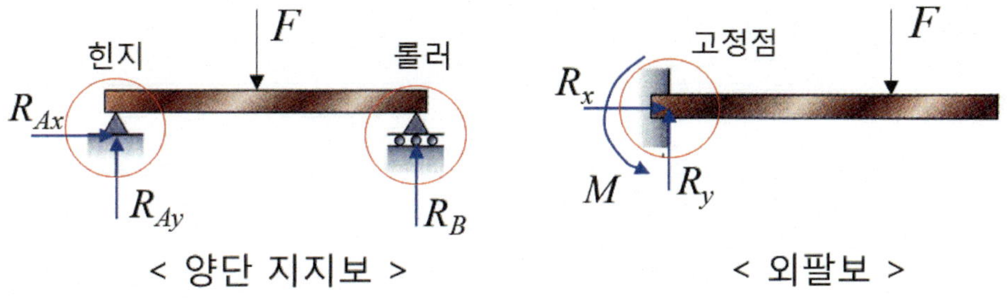

[그림 1-26] 지지점의 종류와 반력 표시법

1.7 자유물체도

자유물체도(Free Body Diagram, FBD)는 관심의 대상이 되는 물체에 가해지는 외력과 지지점 반력, 사이즈를 모두 표시한 것이다. 자유물체도를 그리고 나면 평형조건 등을 활용하여 지지점 반력을 비롯하여 알려지지 않은 힘을 계산할 수 있다. 자유물체도를 그리는 과정을 간단히 설명하면, 첫째 관심의 대상이 되는 물체를 선정하고 둘째 관심의 대상이 되는 물체를 그린 후 셋째 관심 대상에 가해지는 체적력과 표면력을 그린다. 넷째 지지점 반력을 표시하고 마지막으로 평형조건을 이용하여 알려지지 않은 미지의 힘을 계산한다.

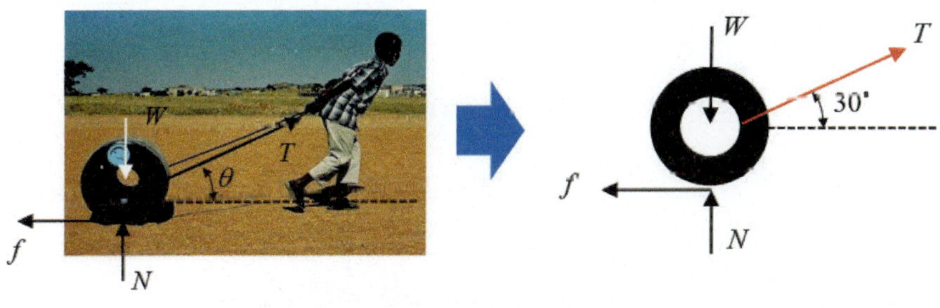

[그림 1-27] 자유물체도의 사례

1.8 평형조건

재료역학에서 다루는 문제는 관심의 대상이 움직이지 않는 정역학적인 문제의 하나이며 정역학과 다른 점은 외부에서 가해진 힘으로 인해 물체의 내부에서 발생하는 현상을 다룬다는 점이다. 그러므로 재료역학 문제에서도 관심의 대상이 평형상태가 되므로 평형조건을 적용할 수 있다. 여기서 평형조건이란 평형상태(정지)에 있는 물체에 가해진 힘은 좌표계의 각 방향에 대하여 그 합이 0이 된다는 것이다. 그러므로 양단 지지보에 외력이 가해졌을 때 평형조건을 적용하여 문제를 해결하는 과정을 아래와 같이 표현할 수 있다.

$$\text{평형조건: } \sum F_x = 0, \sum F_y = 0, \sum M = 0 \quad \text{(식 1-25)}$$

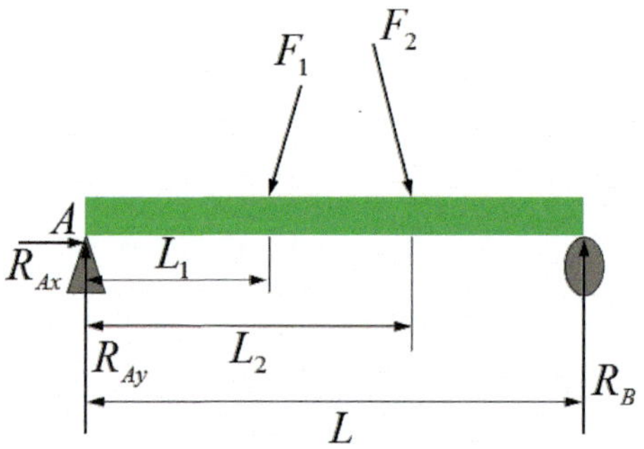

$$\sum F_x = 0 : F_{1x} + F_{2x} + R_{Ax} = 0$$
$$\sum F_y = 0 : F_{1y} + F_{2y} + R_{Ay} + R_B = 0$$
$$\sum M_A = 0 :$$
$$F_{1y} \times L_1 + F_{2y} \times L_2 + R_B \times L = 0$$

[그림 1-28] 평형조건 적용 사례

[예제 4] 아래의 그림과 같이 양단 지지보에 힘이 가해질 때 평형을 유지하기 위한 반력을 구하라.

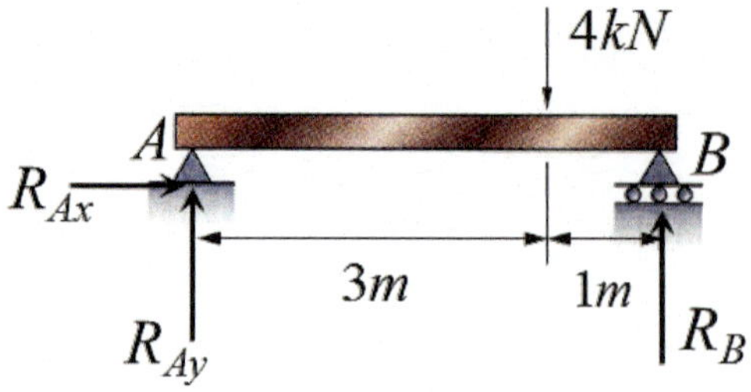

(풀이)

자유물체도에서 평형조건을 적용하면 아래 식을 얻을 수 있다.

$$\sum F_x = 0 : R_{Ax} = 0$$
$$\sum F_y = 0 : R_{Ay} + R_B - 4 = 0$$
$$\sum M_A = 0 : R_B \times 4 - 4 \times 3 = 0$$

모멘트 평형식에서 R_B를 구한 후 y-방향 힘의 평형조건으로부터 R_{Ay}를 구할 수 있다.

$$R_{Ax} = 0$$
$$R_B = 3kN$$
$$R_{Ay} = 1kN$$

2 분포력 문제

재료공학실습

2.1 선 및 면 중심

아래 그림과 같이 회전중심으로부터 동일한 거리에 떨어져 있는 두 개의 분동을 생각해 보자. 위쪽에 있는 분동은 작고 중력의 크기가 10N이며 아래쪽에 있는 분동은 크고 중력의 크기가 100N이다. 이와 같이 상하 정지한 상태에서 외력을 가하여 두 개의 분동이 움직이도록 할 때 시간이 지나면 어떤 일이 벌어질까? 이미 예측했겠지만 모멘트 평형조건에 의해 힘을 가한 반대 방향으로 운동하면서 차츰 원래 상태로 돌아가게 될 것이다. 그 이유는 두 개의 분동에 대한 무게중심이 회전중심 위치보다 아래에 있기 때문에 이러한 결과를 얻게 되는 것이다. 이와 같이 무게 중심을 구하는 것은 그 물체에 외력을 가했을 때 어떤 운동을 할 것이지, 혹은 안정된 상태로 돌아올 것인지 예측하는 데 있어서 중요한 문제이다.

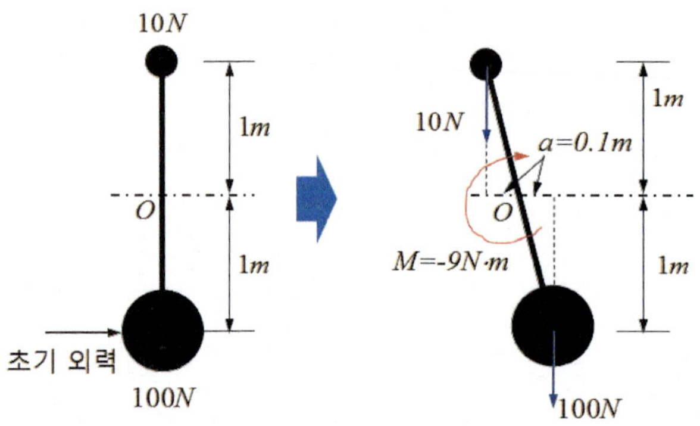

$$\sum M_o = -100a + 10a = -9N \cdot m$$

외력을 가해도 시계방향 모멘트가 발생하여 원래 상태로 돌아가 안정 상태를 계속 유지함

[그림 2-1]

오뚝이라는 장난감을 본 적이 있는가? 제대로 서 있는 오뚝이에 힘을 가해 넘어뜨리려 해도 시간이 지나면 오뚝이는 원래의 자세로 돌아오게 된다. 그 이유는 오뚝이의 무게중심이 형상의 중심보다 아래에 있기 때문이다. 오뚝이 뿐 아니라 무게중심을 이용한 장난감 및 제품은 우리 주위에서 흔하게 볼 수 있다. 자동차와 비행기와 같이 움직이는 물체의 경우에도 무게중심에 따라 넘어지기도 하고 원래 자세를 유지하기도 한다. 그러므로 무게중심을 구하는 것은 물체의 움직임을 파악하는 데 있어서 매우 중요한 문제이다.

특별한 경우를 제외하고 대부분의 물체는 형상이 복잡할 뿐 아니라 부분마다 재료의 종류가 다르고 형상이 제각각이다. 다시 말하면 대부분의 물체는 내부가 균일하지 못하다. 이런 경우에는 무게중심을 구하는 과정이 복잡하고 어렵다. 그러나 형상이 간단하고 부분마다 모두 재질이 동일하다면 무게중심을 구하는 과정은 간단하다. 여기에서는 형상이 간단하고 재질이 동일한 물체의 무게중심 또는 선과 면의 중심을 구하는 과정을 익힘으로써 무게중심을 구하는 원리를 고려해보고자 한다.

무게중심은 물체의 덩어리에서 나오는 체적력의 작용점이 가해지는 위치이다. 일반적으로 물체의 무게중심을 구하는 방법은 복잡하지만 여기에서는 간단한 문제를 다루어보고자 한다. 특별히 3차원으로 복잡한 문제를 다루지 않고 평면상 간단한 문제를 다룸으로써 무게중심을 구하는 원리를 살펴보고자 한다. 간단한 문제를 이해할 수 있다면 복잡한 문제를 다루는 것은 원리는 동일하나 계산이 복잡할 뿐이므로 계산이 복잡한 문제는 컴퓨터의 도움을 받아 문제를 해결하면 된다. 무게중심을 계산하는 기본 원리는 다음과 같이 정의할 수 있다. 물체의 무게와 무게중심까지의 거리를 곱한 것은, 물체를 구성하는 각 부분의 무게와 각 부분의 무게중심까지 거리를 곱한 것을 합한 것과 동일하다. 이러한 원리를 쉽게 이해할 수 있도록 아래 그림과 같은 문제를 생각해보자.

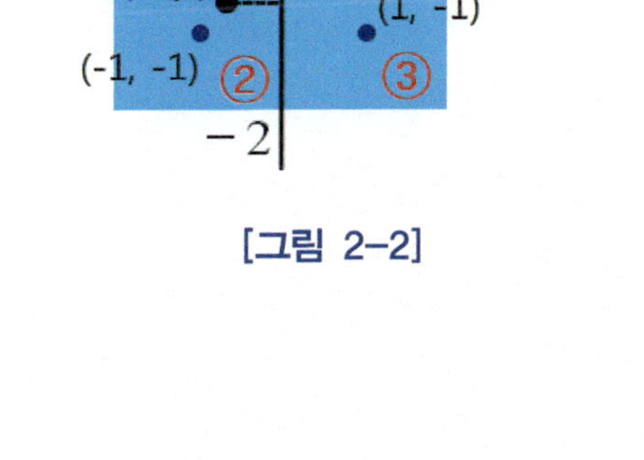

[그림 2-2]

위의 'ㄴ'자 물체의 전체 무게중심을 구하기 위해 이미 무게중심(면중심)을 알고 있는 정사각형 3개로 물체를 나누어 생각하면 편리하다. 정사각형 3개의 면적 및 면중심을 이용하여 전체 물체의 면중심을 구할 수 있다. 위에서 설명한 면중심을 구하는 원리를 이 문제에 적용하면 다음과 같다.

전체 도형 면적 × 중심 거리 = (각 도형 면적 × 각 도형 중심 거리)를 다 더한 값

이러한 원리를 적용하여 전체 도형의 면중심을 구해보자. 일단 물체의 재질은 동일하고 두께도 동일하다고 하면 면중심은 무게중심과 동일하다. 그러므로 면중심을 구하는 것은 무게중심을 계산하는 것과 동일하므로 면중심을 계산해보도록 한다.

$$\begin{aligned}&(2\times2+2\times2+2\times2)\times\bar{x}=2\times2\times(-1)+2\times2\times(-1)+2\times2\times(+1)\\&\rightarrow\bar{x}=\bar{y}=\frac{\sum(\text{부분 도형 면적}\times\text{부분 도형 중심거리})}{\text{전체 도형 면적}}\\&=\frac{2\times2\times(-1)+2\times2\times(-1)+2\times2\times(+1)}{(2\times2+2\times2+2\times2)}=-0.333m\end{aligned}$$

이러한 원리를 식으로 정리하면 다음과 같이 표현할 수 있다.

$$\overline{x_{\text{면적}}}=\frac{\sum A_i\times\overline{x_i}}{A},\ \overline{y_{\text{면적}}}=\frac{\sum A_i\times\overline{y_i}}{A} \qquad \text{(식 2-1)}$$

여기서 A는 전체 면적이고 A_i는 각 도형의 면적이며 $\overline{x_i}$, $\overline{y_i}$는 각 도형의 면적중심의 x 및 y-좌표이다. 면적중심에 대한 이러한 식은 다음과 같이 선중심과 무게중심, 부피중심에 관한 식으로 확장할 수 있다.

$$\overline{x_{\text{길이}}}=\frac{\sum L_i\times\overline{x_i}}{L},\ \overline{y_{\text{길이}}}=\frac{\sum L_i\times\overline{y_i}}{L} \qquad \text{(식 2-2)}$$

$$\overline{x_{\text{부피}}}=\frac{\sum V_i\times\overline{x_i}}{V},\ \overline{y_{\text{부피}}}=\frac{\sum V_i\times\overline{y_i}}{V} \qquad \text{(식 2-3)}$$

$$\overline{x_{\text{무게}}}=\frac{\sum W_i\times\overline{x_i}}{W},\ \overline{y_{\text{무게}}}=\frac{\sum W_i\times\overline{y_i}}{W} \qquad \text{(식 2-4)}$$

여기서 L은 길이, V는 부피, W는 무게를 의미한다. 각각의 중심을 구하는 방법은 면적중심과 동일하지만 다루는 대상이 다를 뿐이다.

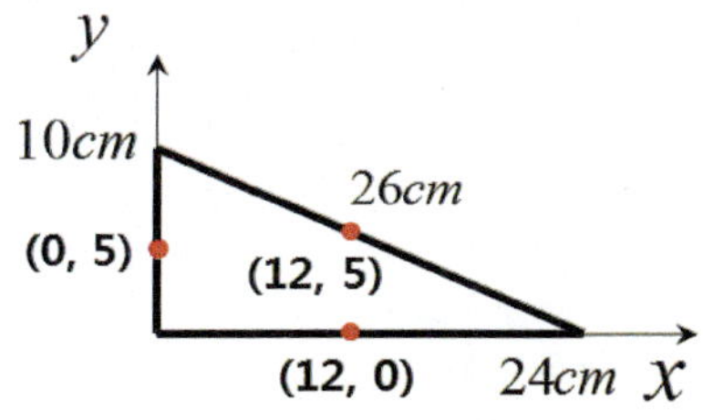

[그림 2-3]

선중심을 구하는 수식을 이용하여 선중심 좌표를 계산하면,

$$\bar{x} = \frac{\sum L_i \times \bar{x_i}}{L} = \frac{10 \times 0 + 24 \times 12 + 26 \times 12}{10 + 24 + 26} = 10cm$$

$$\bar{y} = \frac{\sum L_i \times \bar{y_i}}{L} = \frac{10 \times 5 + 24 \times 0 + 26 \times 5}{10 + 24 + 26} = 3cm$$

면중심을 구할 때 많이 사용하는 도형은 직각사각형, 원, 삼각형이다. 직각사각형이나 원의 중심은 직관적으로 쉽게 알 수 있지만 삼각형의 면중심 좌표는 직관적으로 알기 어렵다. 그러므로 여기에서는 중/고등학교 시절 배웠던 내용을 활용하여 계산하도록 할 것이다.

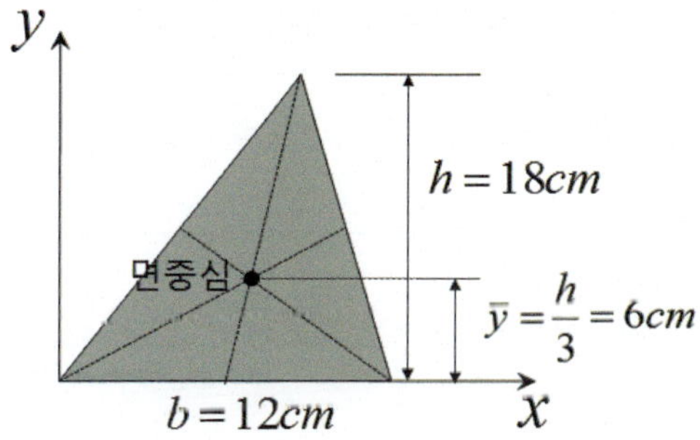

[그림 2-4]

삼각형의 면중심의 위치는 밑변에서 꼭지점까지 거리의 1/3 위치에 있다. 이것을 다르게 표현하면 삼각형 꼭지점에서 밑변까지 거리의 2/3 위치에 있다고 말할 수도 있다. 이를 이용하여 삼각형이 포함된 도형의 선중심과 면중심을 구하는 예제를 다루어보자.

[예제 5] 아래 도형의 선중심과 면중심을 구하라.

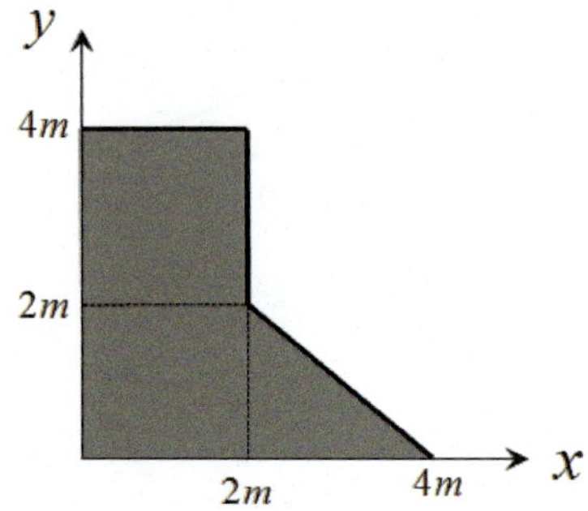

(풀이)

도형을 둘러싼 선의 중심을 구하기 위해 다음과 같이 선을 5개로 나누어 계산하면 편리하다.

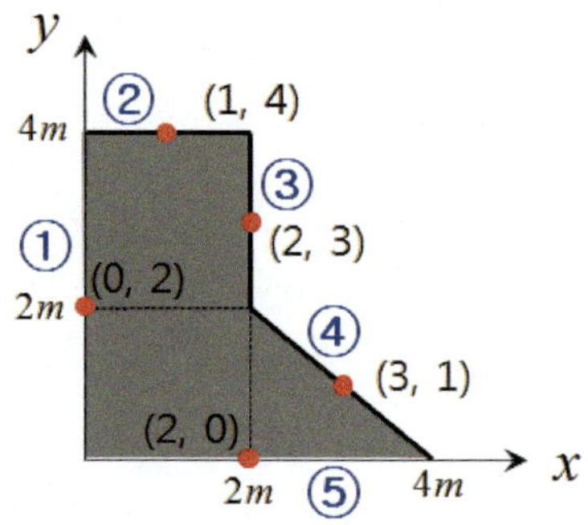

$$\bar{x} = \frac{\sum L_i \times \bar{x}_i}{L} = \frac{4\times 0 + 2\times 1 + 2\times 2 + 2\sqrt{2}\times 3 + 4\times 2}{4+2+2+2\sqrt{2}+4} = 1.52m$$

$$\bar{y} = \frac{\sum L_i \times \bar{y}_i}{L} = \frac{4\times 2 + 2\times 4 + 2\times 3 + 2\sqrt{2}\times 1 + 4\times 0}{4+2+2+2\sqrt{2}+4} = 1.67m$$

이번에는 도형의 면중심을 구하기 위해 면을 직사각형과 삼각형으로 나누어 계산하면 편리하다.

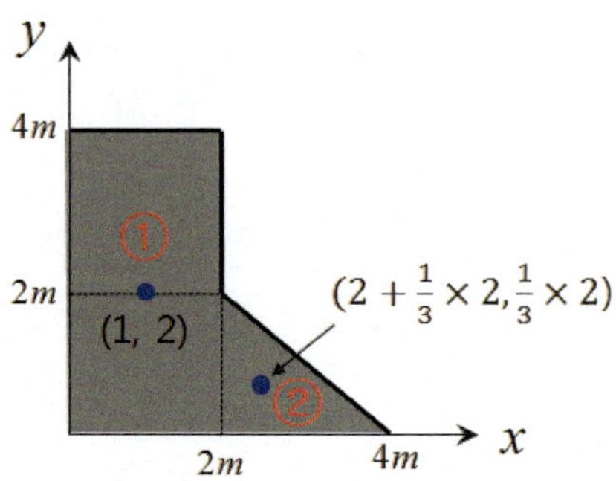

$$\bar{x}=\frac{\sum A_i\times\bar{x_i}}{A}=\frac{2\times4\times1+\frac{1}{2}\times2\times2\times(2+\frac{1}{3}\times2)}{2\times4+\frac{1}{2}\times2\times2}=1.33m$$

$$\bar{y}=\frac{\sum AL_i\times\bar{y_i}}{A}=\frac{2\times4\times2+\frac{1}{2}\times2\times2\times(\frac{1}{3}\times2)}{2\times4+\frac{1}{2}\times2\times2}=1.73m$$

위의 선중심과 면중심을 계산한 결과를 관찰해보면 선중심과 면중심은 서로 다르게 계산된다는 것을 알 수 있다.

2.2 무게중심 실습

▌실습 준비물

마분지, 연필, 자, 가위, 일공 펀치, 실, 분동

▌실습 방법

1. 연필과 자를 이용하여 준비한 마분지에 임의의 모양을 그린다.
2. 가위를 이용하여 모양에 맞게 마분지를 자른다.
3. 자른 일정 모양의 마분지 모서리에 일공 펀치를 이용하여 3개의 구멍을 뚫는다.
4. 분동을 실에 매달아 핀에 끼워 수직 방향으로 늘어뜨린다.
5. 마분지에 뚫은 구멍을 핀에 끼운다.
6. 마분지에 늘어뜨려진 실의 모양 그대로 자를 이용하여 그린다.
7. 각각의 구멍에 대하여 동일한 3번의 작업을 수행한다.
8. 실의 궤적을 따라 그린 마분지 위의 3개의 선이 만난 점을 중심점으로 표시한다.
9. 중심점에 손가락이나 바늘을 대고 중심점이 맞는지 검증한다.

▌실습 장면

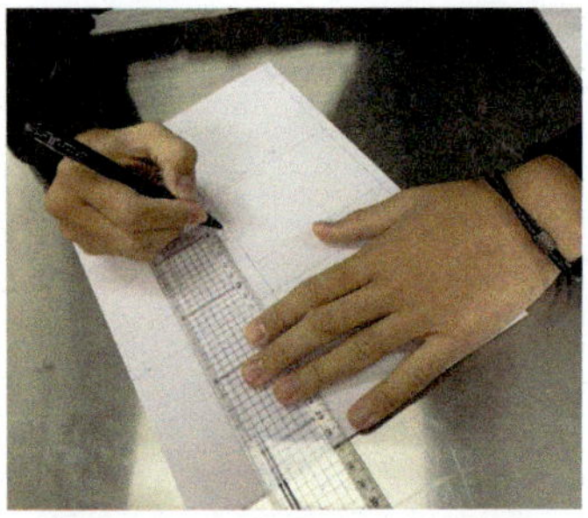
< 마분지에 도형 그리기 >

< 도형에 맞게 자르기 >

< 펀치로 구멍 뚫기 >

< 수직 선 그리기 >

< 중심점 찾기 >

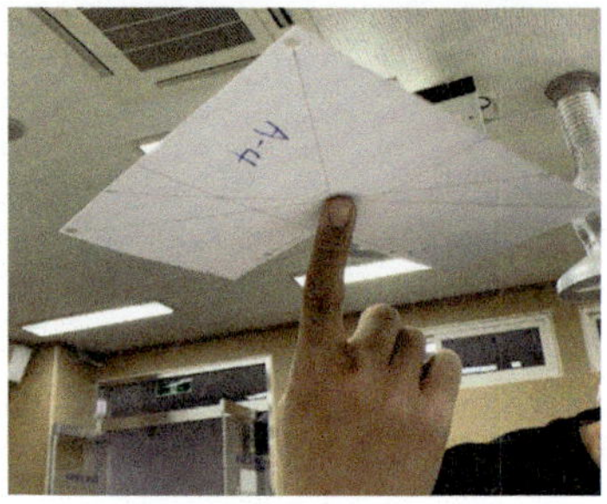
< 중심점 검증하기 >

[그림 2-5]

재료공학실습 보고서

제목	무게중심 계측 실습
제출자	반/조: 학번: 이름:
실습 목적	
실습 과정	1. 실험대상(그림으로 그릴 것) 2. 실험 과정
실습 결과	

3 스프링

3.1 스프링의 정의와 종류

스프링은 외부에서 가해진 에너지를 변형에너지로 저장하는 요소이다. 스프링은 스프링 내에 저장되는 변형에너지의 형태에 따라 다양한 종류가 있는데, 외부에서 가해진 에너지가 압축이면 압축 변형에너지로 스프링 내부에 저장되어 압축 스프링이라 부르고, 외부에서 가해진 에너지가 인장이면 인장 변형에너지로 저장되므로 인장 스프링이라 부른다. 그 외에도 굽힘 에너지가 가해지면 판 스프링, 비틀림 에너지가 가해지면 토션 바, 스프링 와셔, 비틀림 코일 스프링 등이 있고, 굽힘과 비틀림 에너지가 동시에 가해지는 와이어 스프링과 같은 것도 있다.

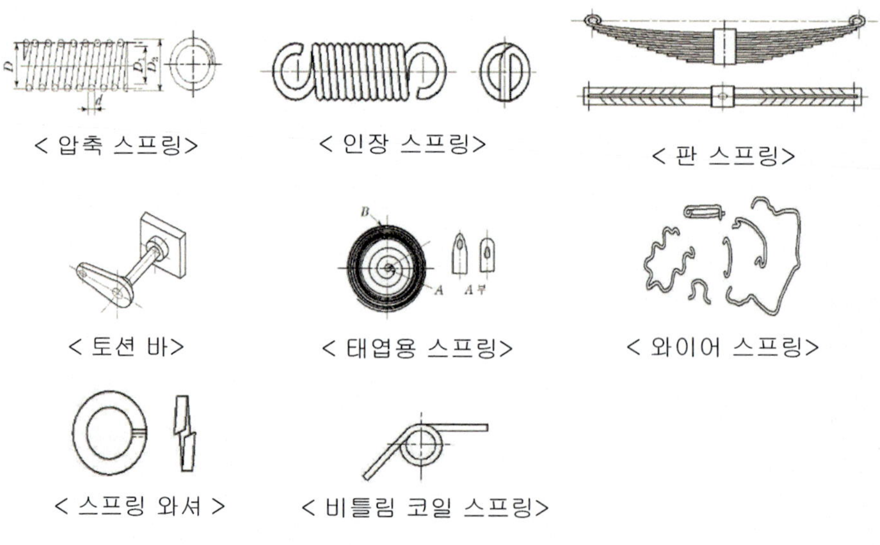

[그림 3-1] 다양한 종류의 스프링

< 다양한 스프링 사례 >

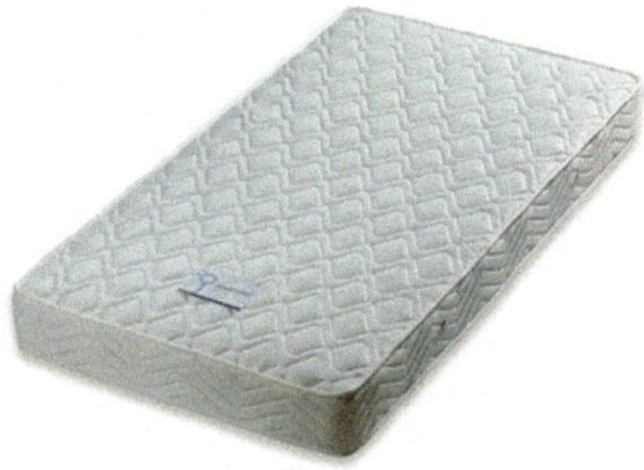

< 침대 매트리스 >

< 다양한 스프링 사례 >

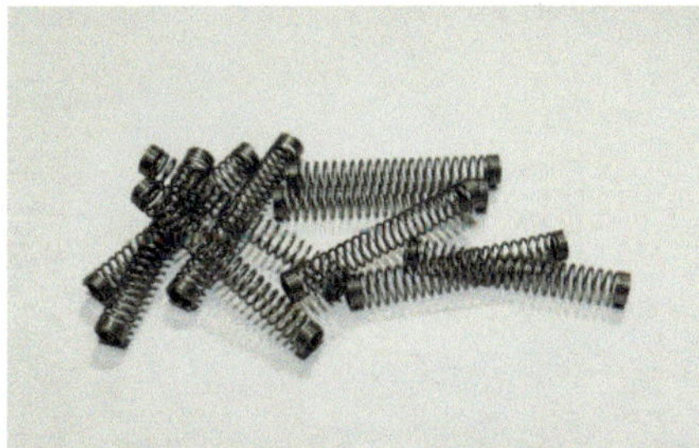

< 볼펜용 스프링 >

[그림 3-2] 일상생활에 사용되고 있는 스프링 사례

우리의 일상생활에서 스프링은 필수적인 기계요소가 되었다. 자동차, 비행기, 볼펜, 의자, 침대와 같은 일상 생활용품에 스프링이 활용되고 있다.

3.2 스프링 상수

스프링은 외부에서 가해진 에너지를 변형에너지로 저장하는 기계요소이므로 스프링에 동일한 변형량을 발생시키는데 드는 외부 에너지 또는 힘의 크기는 서로 다르다. 이러한 특성을 간단하게 나타내는 것이 스프링 상수이다. 스프링 상수는 단위 변형을 일으키는 힘으로 정의할 수 있고, 단위는 N/m이다.

스프링 상수가 크면 그만큼 변형을 일으키는 데 필요한 힘이 많이 필요하다는 뜻이 된다. 예를 들어, 볼펜에 사용되는 스프링에 비해 자동차 쇽업소버에 사용되는 스프링의 스프링 상수가 훨씬 더 커서 동일한 변형량을 일으키는 데 들어가는 힘이 더 크다는 것을 예상할 수 있다. 여기서 외부에서 가해진 힘과 변형량, 그리고 스프링 상수에 대한 관계식은 다음과 같다.

$$F = k \times x \qquad \text{(식 3-1)}$$

일반적으로 사용되는 스프링의 재료는 금속이 가장 많지만 플라스틱, 고무, 공기 스프링도 많이 사용되고 있다. 고무 스프링은 감쇠 작용이 크고 방진, 방음 효과가 커서 자동차 서스펜션 부품에 많이 사용된다. 공기 스프링은 공기의 압축성으로 인해 작은 진동 흡수 능력이 크고 공기량에 따라 스프링 상수를 조절할 수 있는 장점이 있어 다양한 분야에 사용되고 있다.

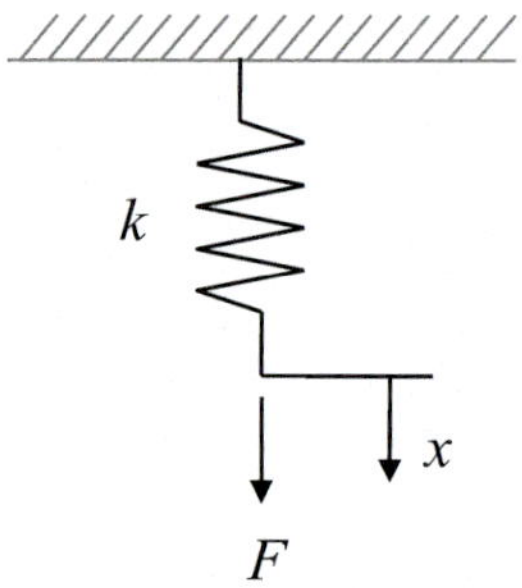

[그림 3-3] 스프링 상수

3.3 스프링 상수 계측 실습

실습 준비물

인장 스프링, 압축 스프링, 고무 스프링, 자, 분동

실습 방법

1. 인장 스프링의 초기 위치를 눈금 또는 자를 이용하여 계측한다.
2. 인장 스프링에 분동(100g, 200g, 400g)을 걸어 눈금의 변화 또는 길이의 변화를 계측한다.
3. 스프링 관련 수식($F = k \cdot x$)을 이용하여 스프링 상수를 계산한다.
4. 탄성에너지 수식을 이용하여 스프링에 저장된 탄성에너지($E = \frac{1}{2}k \cdot x^2$)를 계산한다.
5. 압축 스프링에 대하여 인장 스프링과 동일한 방법으로 길이 변화를 계측한다.

6. 스프링 관련 수식을 이용하여 압축 스프링 상수를 계산한다.
7. 탄성에너지 수식을 이용하여 압축 스프링에 저장된 탄성에너지를 계산한다.
8. 고무 스프링에 대하여 인장 스프링과 동일한 방법으로 길이 변화를 계측한다.
9. 스프링 관련 수식을 이용하여 고무 스프링 상수를 계산한다.
10. 탄성에너지 수식을 이용하여 고무 스프링에 저장된 탄성에너지를 계산한다.
11. 인장 스프링, 압축 스프링, 고무 스프링 각각의 스프링 상수와 탄성에너지를 비교하여 계측이 잘 되었는지 검토한다.

▌실습에 사용된 스프링의 종류

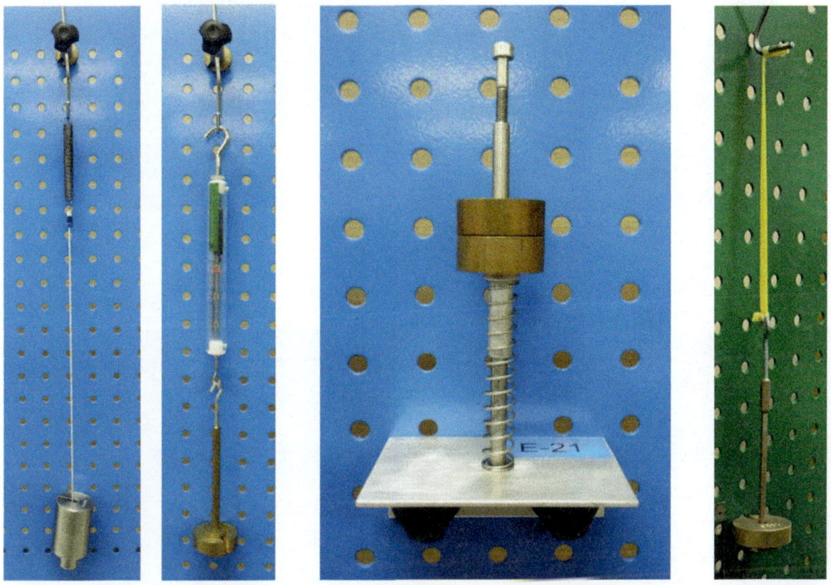

< 인장 스프링 > < 압축 스프링 > < 고무 스프링 >

[그림 3-4]

▌실습 장면

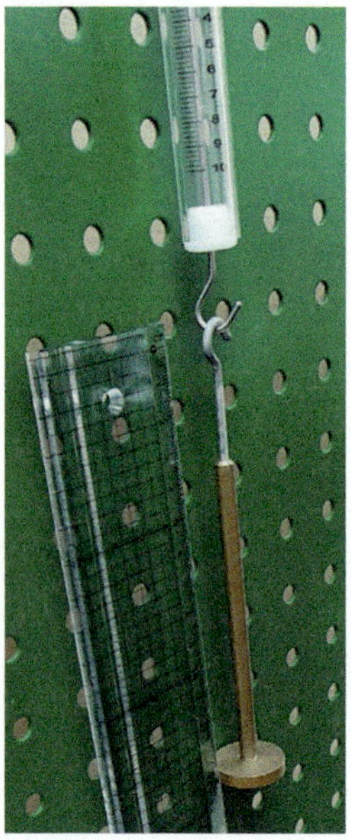

< 인장 스프링 초기 눈금 계측 >

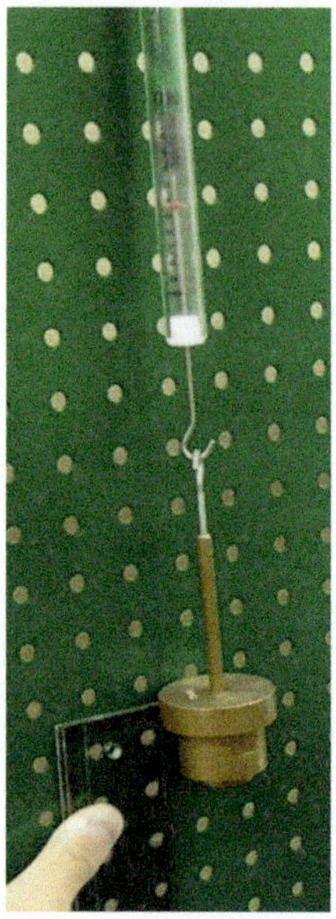

< 인장 스프링 변위량 계측>

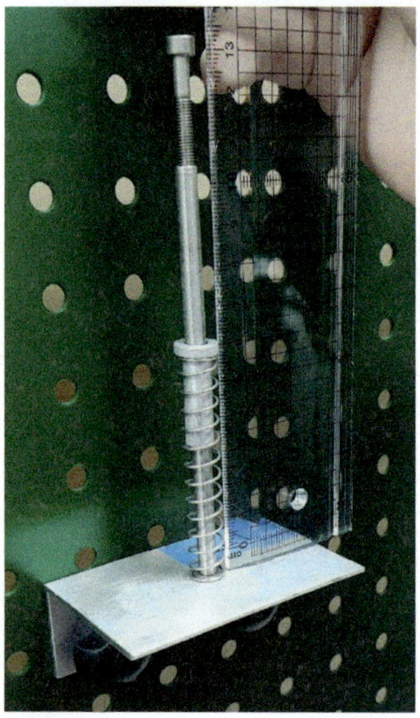

< 압축 스프링 초기 눈금 계측 >

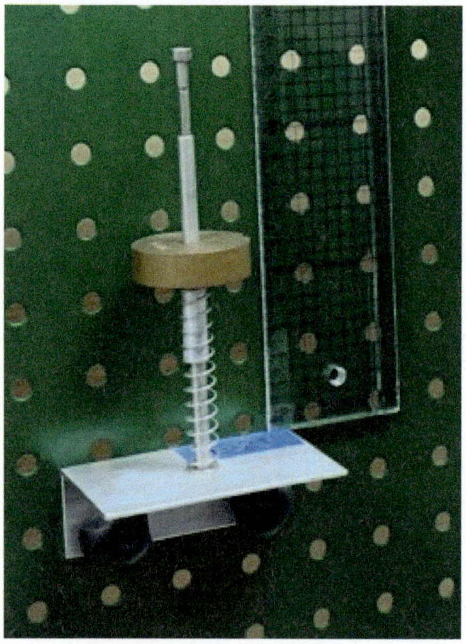

< 압축 스프링 변위량 계측 >

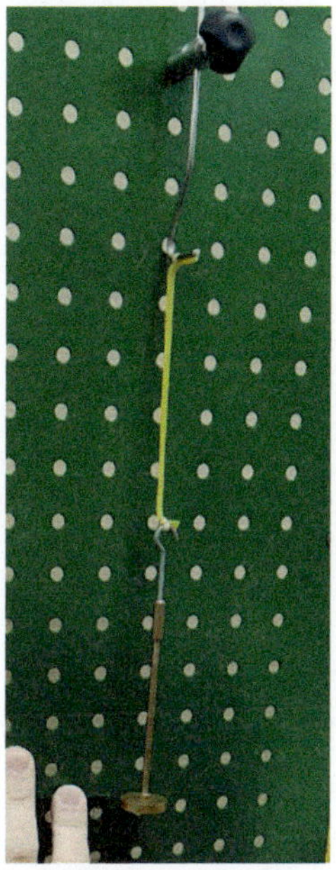

< 고무 스프링 초기 눈금 계측 >

< 고무 스프링 변위량 계측 >

[그림 3-5]

재료공학실습 보고서

<table>
<tr><td>제목</td><td colspan="5">스프링 상수 계측 실습</td></tr>
<tr><td>제출자</td><td colspan="5">반/조: 학번: 이름:</td></tr>
<tr><td>실습 목적</td><td colspan="5"></td></tr>
<tr><td>실습 과정</td><td colspan="5">1. 실험대상(그림으로 그릴 것)

2. 실험 과정</td></tr>
<tr><td rowspan="11">실습 결과</td><td colspan="5">• 실험결과</td></tr>
<tr><td>스프링 종류</td><td>항목</td><td>100g</td><td>200g</td><td>300g</td></tr>
<tr><td rowspan="3">인장</td><td>늘어난 길이(mm)</td><td></td><td></td><td></td></tr>
<tr><td>스프링 상수(N/m)</td><td></td><td></td><td></td></tr>
<tr><td>탄성에너지(J)</td><td></td><td></td><td></td></tr>
<tr><td rowspan="3">압축</td><td>늘어난 길이(mm)</td><td></td><td></td><td></td></tr>
<tr><td>스프링 상수(N/m)</td><td></td><td></td><td></td></tr>
<tr><td>탄성에너지(J)</td><td></td><td></td><td></td></tr>
<tr><td rowspan="3">고무</td><td>늘어난 길이(mm)</td><td></td><td></td><td></td></tr>
<tr><td>스프링 상수(N/m)</td><td></td><td></td><td></td></tr>
<tr><td>탄성에너지(J)</td><td></td><td></td><td></td></tr>
</table>

4 마찰력

재료공학실습

4.1 쿨롱의 법칙

마찰 현상은 우리의 일상생활에서 항상 경험하는 것이다. 마찰이 없다면 움직일 수도 없고 운동을 할 수도 없을 것이다. 마찰이 있기 때문에 다른 물체와의 접촉을 통해 추진력을 얻어 움직일 수 있는 것이다. 그러면 마찰이란 무엇일까? 마찰은 두 물체가 서로 접촉하면서 운동하려고 할 때 혹은 운동하고 있을 때, 두 물체의 접촉면에서 서로 운동을 방해하려고 생기는 저항이라고 말할 수 있다.

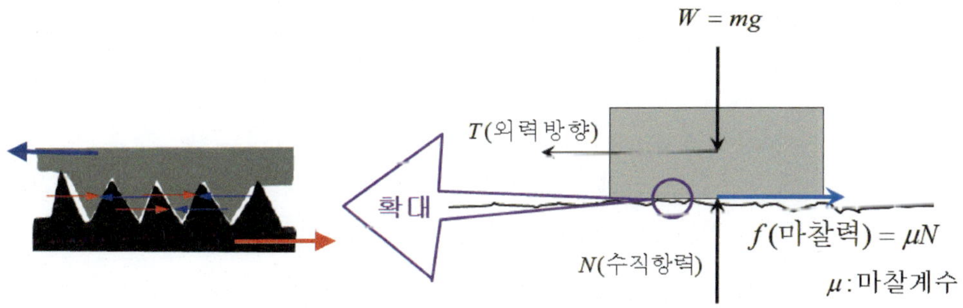

[그림 4-1] 마찰에 대한 간단한 설명

물체의 접촉면에서 발생하는 마찰의 발생 원리는 매우 복잡하지만 이해하기 쉽게 간단히 설명하면 다음과 같다. 우리가 겉으로 보기에 두 물체의 접촉면은 부드러워 보이지만 현미경을 이용해 자세히 관찰하면 접촉면에서 톱니 모양의 거친 면이 서로 접촉하고 있음을 알 수 있다. 두 물체의 거친 표면이 서로 맞물려 있다가 두 물체가 상대운동을 하려고 하면 맞물린 부분이 작용-반작용의 법칙에 의해 저항을 하게 되는데 이것을 마찰력이라고 이해하면 마찰 현상을 쉽게 이해할 수 있을 것이다.

마찰 현상을 가장 잘 설명하고 있는 것이 쿨롱의 법칙인데 마찰력 계산에 사용된다. 쿨롱의 법칙에 따르면 마찰력의 크기는 수직반력(또는 수직항력)에 비례하고 접촉면의 거칠기에 비례한다. 이를 정리하여 수식으로 표현하면 다음과 같다.

$$f = \mu N \qquad \text{(식 4-1)}$$

여기서 μ는 접촉면의 거칠기를 나타내는 마찰계수이고 N은 수직반력의 크기이다. 이 식으로부터 알 수 있는 것은 마찰력의 크기는 접촉면의 넓이와 상관없다는 점이다.

4.2 마찰력의 크기와 방향

마찰의 종류는 크게 정지 마찰과 운동 마찰로 나눌 수 있는데 운동 마찰의 경우 미끄럼 속도와 무관하며 운동 마찰력은 정지 마찰력에 비해 크기가 작은 것으로 알려져 있다. 이와 같은 결과는 우리의 경험을 통해 알 수 있다. 예를 들어, 주차장에 가로주차가 되어 있는 자동차를 밀려고 할 때 자동차의 사이드 브레이크가 풀려 있을 경우 자동차를 밀면 처음에는 매우 큰 힘을 가해야 겨우 자동차가 움직이지만 자동차가 일단 움직이기 시작하면 큰 힘을 가하지 않고도 자동차를 계속 밀어서 움직일 수 있다. 이때 자동차가 움직이는 순간 가한 힘이 정지 마찰력과 연관성이 있고 자동차가 움직이기 시작한 이후 자동차를 미는 힘이 운동 마찰력과 연관성이 있다.

정지 마찰력과 운동 마찰력을 정의하고 그 크기를 비교하는 아래 그래프를 살펴보면 마찰력의 크기는 정지 마찰력이 가장 크고 접촉면에서 미끄럼이 발생하여 움직이기 시작하면 운동 마찰력이 조금씩 작아지면서 일정한 값을 갖게 된다는 것을 알 수 있다.

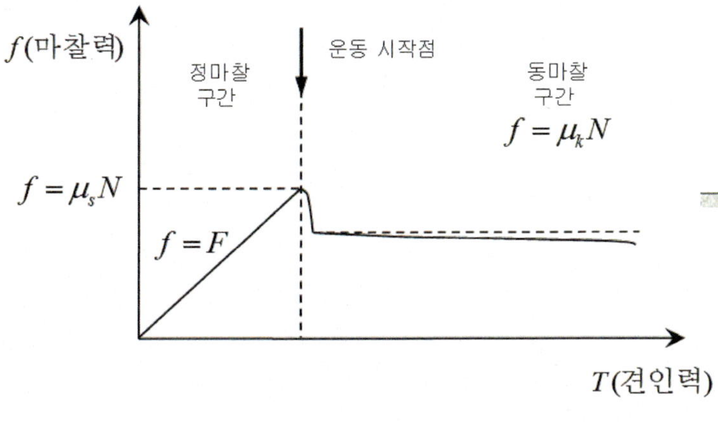

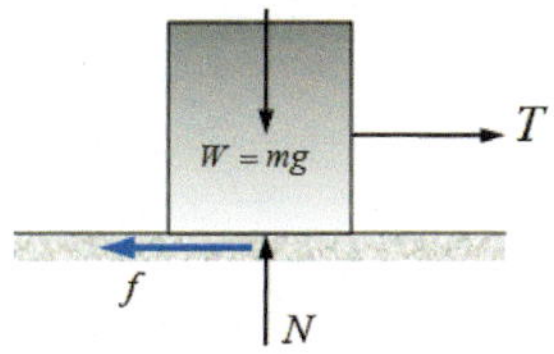

[그림 4-2] 정지 및 운동 마찰력의 크기 비교

위의 그래프를 살펴보면 수직항력은 정지 마찰력이든 운동 마찰력이든 일정하기 때문에 마찰력의 크기 차이가 발생하는 이유는 마찰계수의 차이에서 발생한다는 것을 알 수 있다. 그러므로 정지 마찰력이 운동 마찰력보다 큰 이유는 정지 마찰계수가 운동 마찰계수보다 크기 때문이라는 결론을 얻을 수 있다.

$$\mu_s > \mu_k \qquad \text{(식 4-2)}$$

여기서 μ_s는 정지 마찰계수이고 μ_k는 운동 마찰계수이다.

[예제 6] 아래 그림과 같이 질량이 10kg인 벽돌에 줄을 연결하여 오른쪽 방향으로 끌어당기고 있을 때, 벽돌이 움직이기 위해 필요한 줄의 장력은 얼마 이상이어야 하는가? 단, 마찰계수는 0.3으로 한다.

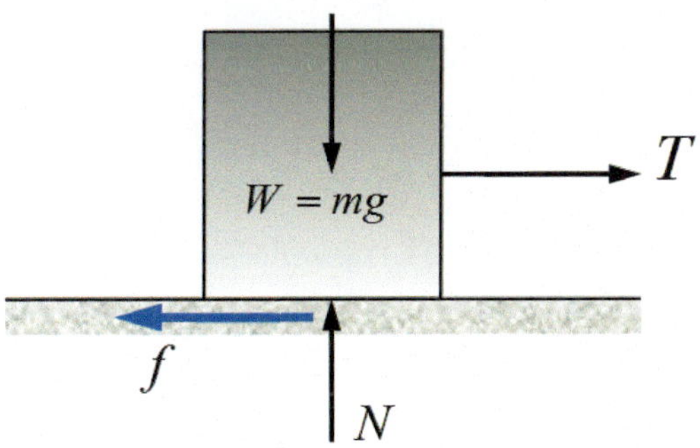

(풀이)

자유물체도를 참조하여 수평 및 수직방향 평형조건을 적용하면,

$$\sum F_x = 0 : T - f = 0 \rightarrow T = f$$
$$\sum F_y = 0 : N - W = 0 \rightarrow N = W = mg$$
$$\Rightarrow T = f = \mu N = \mu mg = 0.3 \times 10 \times 9.81 = 29.4N$$

4.3 경사면 마찰

아래 그림과 같이 경사면의 각도를 점점 더 높였더니 30°의 각도에서 벽돌이 미끄러지기 시작하였을 때, 경사면의 마찰계수를 구한다고 생각해 보자.

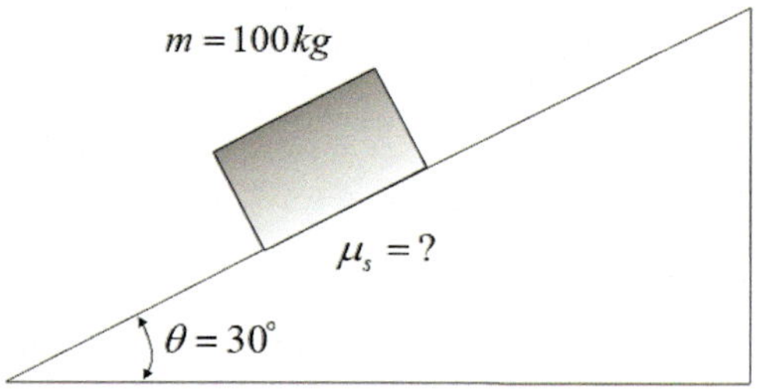

[그림 4-3]

경사진 방향을 x-y축으로 정하고 벽돌에 대해 자유물체도를 그리면,

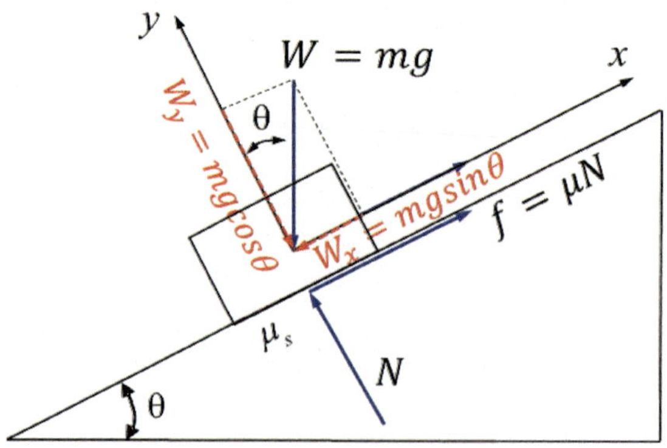

[그림 4-4]

자유물체도에서 x-y방향에 대해 평형조건을 적용하면,

$$\sum F_x = 0 : f - W_x = 0 \rightarrow f = W_x = mg\sin\theta$$
$$\sum F_y = 0 : N - W_y = 0 \rightarrow N = W_y = mg\cos\theta$$

위에서 구한 마찰력 f와 수직항력 N을 이용하여 마찰계수를 구하면,

$$f = \mu N \rightarrow \mu = \frac{mg\sin\theta}{mg\cos\theta} = \tan\theta = \tan 30^\circ = 0.577$$

와 같이 계산할 수 있다. 그러므로 경사면에서 마찰계수는 tanθ로 계산되어, 벽돌이 미끄러지는 순간 경사면의 각도와 상관있다는 것을 알 수 있다.

4.4 경사면 마찰 계측 실습

▌실습 준비물

플라스틱판, 고무판, 강철 블록(강철면), 사포 #400, 사포 #100, 각도기

▌실습 방법

1. 플라스틱판을 탁자 위에 수평으로 놓고, 그 위에 강철 블록(강철면)을 올려놓는다.
2. 플라스틱판의 한쪽을 서서히 기울이며 강철 블록이 미끄러지는 지 관찰한다.
3. 플라스틱판 위의 강철 블록이 미끄러지는 순간 기울이는 것을 멈춘다.
4. 플라스틱판과 탁자 사이의 각도를 각도기로 계측한다.
5. 각도기로 계측한 각도를 이용하여 마찰계수($\mu = \tan\theta$)를 계산한다.
6. 플라스틱판 위에 강청 블록(사포 #400)을 올려놓고 1-5번과 동일한 작업을 진행한다.
7. 플라스틱판 위에 강청 블록(사포 #100)을 올려놓고 1-5번과 동일한 작업을 진행한다.
8. 고무판을 탁자 위에 수평으로 놓고, 그 위에 강철 블록(강철면)을 올려놓는다.
9. 고무판의 한쪽을 서서히 기울이며 강철 블록이 미끄러지는 순간을 포착한다.
10. 고무판 위의 강철 블록이 미끄러지는 순간 기울이는 것을 멈춘다.
11. 고무판과 탁자 사이의 각도를 각도기로 계측한다.
12. 각도기로 계측한 각도를 이용하여 마찰계수($\mu = \tan\theta$)를 계산한다.
13. 고무판 위에 강청 블록(사포 #400)을 올려놓고 8-12번과 동일한 작업을 진행한다.
14. 고무판 위에 강청 블록(사포 #100)을 올려놓고 8-12번과 동일한 작업을 진행한다.

▮ 실습에 사용되는 플라스틱판과 고무판

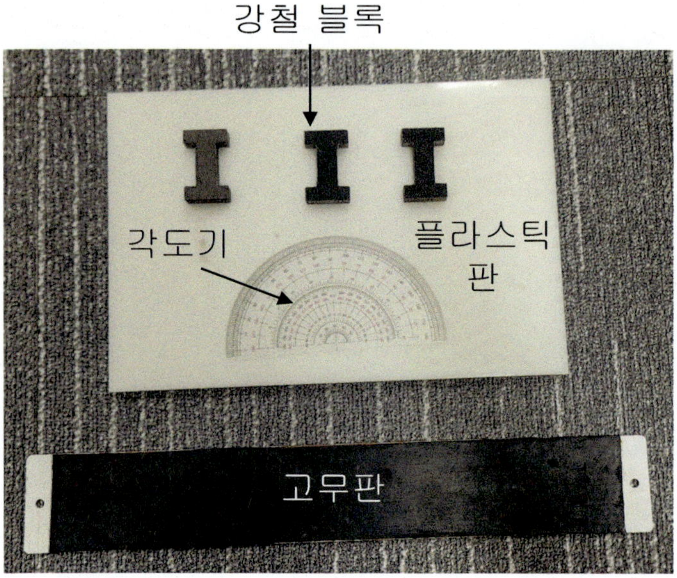

[그림 4-5]

▮ 실습 장면

< 플라스틱판, 블록 준비 >

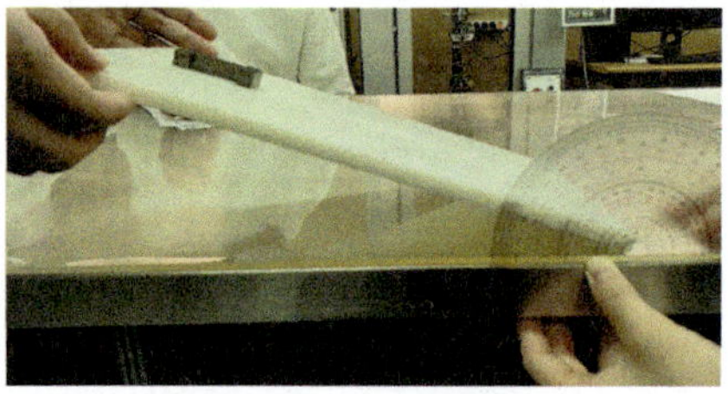

< 플라스틱판 기울이기 >

< 미끄러질 때 플라스틱판 각도 구하기 >

[그림 4-6] 플라스틱판-강철 블록 경사면 마찰계수 실습

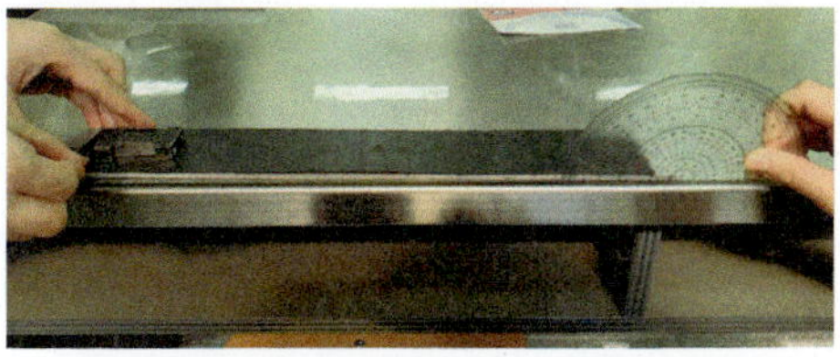

< 고무판, 블록 준비 >

< 고무판 기울이기 >

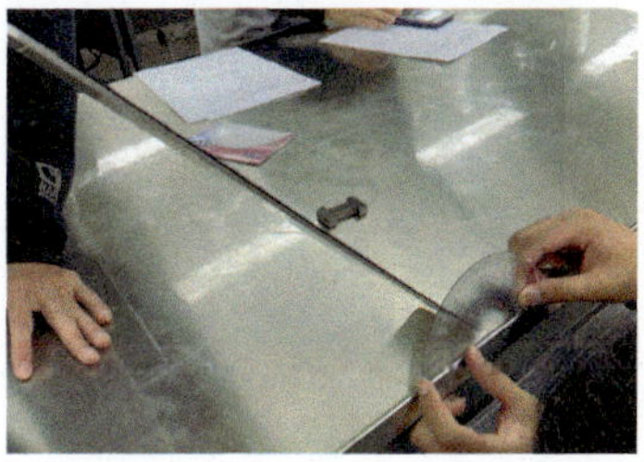

< 미끄러질 때 고무판 각도 구하기 >

[그림 4-7] 고무판–강철 블록 경사면 마찰계수 실습

재료공학실습 보고서

제목	경사면 마찰 계측 실습
제출자	반/조: 학번: 이름:
실습 목적	
실습 과정	1. 실험대상(그림으로 그릴 것) 2. 실험 과정
실습 결과	• 실험결과

경사면 종류	항목	경사각(°)	마찰계수
플라스틱판	강철면		
	사포 #400		
	사포 #100		
고무판	강철면		
	사포 #400		
	사포 #100		

5 마찰의 종류

재료공학실습

5.1 건조 마찰

마찰의 종류는 분류 기준에 따라 다양하게 나눌 수 있다. 먼저 움직임 유무에 따라 이미 살펴본 대로 정지 마찰과 운동 마찰로 나눌 수 있다. 또한 접촉면의 윤활 상태에 따라 건조 마찰, 유체 마찰, 경계 마찰로 나눌 수 있다. 접촉하는 물체의 운동 상태에 따라 미끄럼 마찰과 구름 마찰로 나누는 경우도 있다. 움직임 유무에 따른 마찰의 종류를 나누는 방법과 그 내용은 앞에서 이미 설명했으므로 생략하고 접촉면의 윤활 상태에 따른 마찰의 종류에 대해 살펴보도록 하자.

[그림 5-1] 접촉면 윤활 상태에 따른 마찰의 종류

고체마찰(또는 건조마찰)은 접촉하는 두 물체 사이 접촉면에 윤활제가 없는 마찰로 마찰계수의 값이 크기 때문에 마찰력 또한 크게 발생한다. 두 물체 사이에서 큰 마찰력이 필요할 경우 건조마찰을 활용하면 좋을 것이다. 예를 들어 유치원에서 아이들이 뛰면서 노는 경우가 많은데 이 경우 아이들이 넘어져 다치지 않도록 놀이방 바닥을 건조마찰 상태를 지속적으로 유지하기 위해 바닥에 흘린 물을 재빨리 닦는 것이 그 사례가 될 것이다. 건조마찰의 경우 마찰계수의 크기는 0.1~1.0 정도 된다고 알려져 있다.

5.2 유체 마찰

유체마찰은 접촉하는 두 물체 사이의 접촉면에 윤활제가 충분히 많은 경우로 마찰계수가 매우 작아 마찰력 또한 그 크기가 작다. 그러므로 두 물체가 접촉하는 부분의 마찰력이 작아야 할 경우 유체마찰을 활용하면 좋을 것이다. 예를 들어 자전거의 체인과 스프라켓이 대표적인 사례이다. 자전거의 페달을 밟으면 자전거가 앞으로 움직이는데 그 이유는 페달이 스프라켓과 연결되어 있고 스프라켓은 체인과 접촉하여 체인을 움직이게 하여 결국 자전거 바퀴가 돌아가게 되어 자전거가 앞으로 움직이는 것이다. 여기서 스프라켓과 체인이 접촉되는 부분이 건조마찰 상태에 있을 경우 소음이 발생하고 잘 움직이지 않기 때문에 이 부분에 그리스나 윤활유를 뿌려 유체마찰 상태가 되도록 하여 자전거가 부드럽게 움직일 수 있도록 한다. 유체 마찰계수의 크기는 0.001~0.01 정도 된다고 알려져 있다. 경계마찰은 유체마찰과 같이 윤활유가 충분하지 않지만 적은 양의 윤활유라도 존재하여 유체마찰 층이 얇은 경우를 말하며 크기는 0.01~0.1 정도 된다고 알려져 있다.

< 체인 그리스 >

< 체인 윤활유 >

[그림 5-2] 자전거를 통한 유체마찰 사례

5.3 건조 및 유체마찰 실습

▍실습 준비물

건조/유체마찰 실습장비, 분동, 마찰 시험편, 유체마찰 실습용 오일

▍실습 방법

1. 마찰계수를 구하고자 하는 유체를 도르레에 부어 유체마찰 상태를 구성한다.
2. 계측하고자 하는 마찰 시험편을 l_1의 위치에 고정한다.
3. m_2의 위치에 150g의 분동을 걸어둔다.
4. m_1의 위치에 m_2의 절반 무게에 해당하는 분동을 걸어 m_1이 날린 도르레가 움직이는지 확인한다.
5. m_1이 달린 도르레가 움직이지 않으면 분동의 무게를 조금씩 증가시켜 도르레가 움직일 때까지 반복한다.
6. m_1이 달린 도르레가 움직이는 순간 마찰계수 구하는 공식을 이용하여 마찰계수를 계산한다.
7. 계산된 마찰계수의 크기가 현실적으로 타당한 값인지 검토한다.
8. m_2의 위치를 건조마찰 부분으로 이동하여 설치한다.
9. 건조마찰 실습으로 2-7을 동일하게 반복하여 실습한다.
10. 유체마찰계수와 건조마찰계수 결과값에 대하여 적절한 결과가 나왔는지 검토한다.

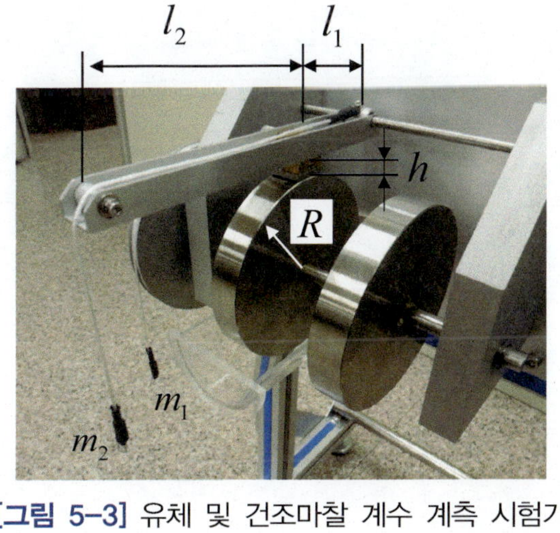

[그림 5-3] 유체 및 건조마찰 계수 계측 시험기

▌실습 장면

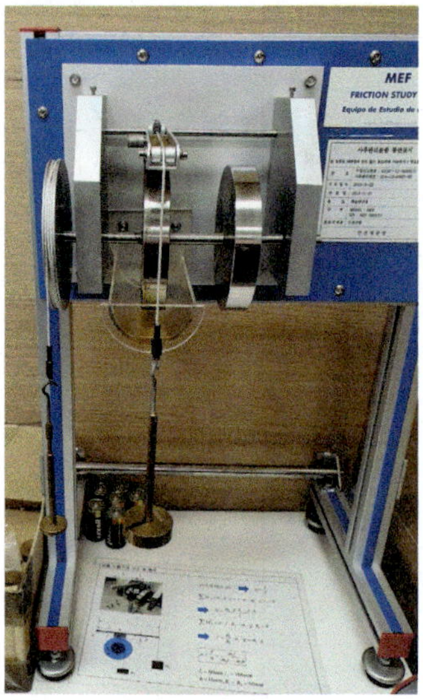

< 유체마찰 실습 준비 >

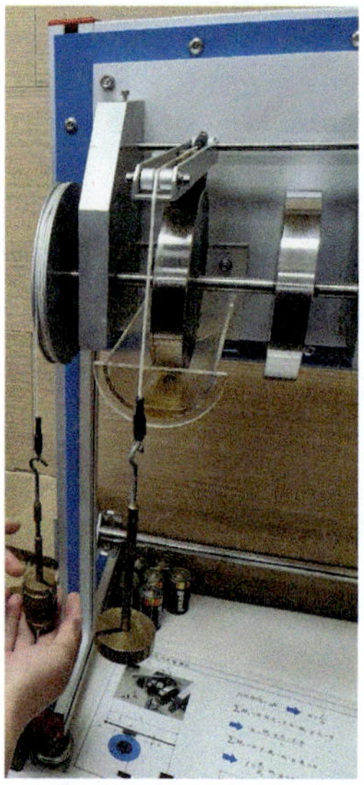

< 분동 무게 증가 >

< 실습 분동 무게 계측 >

[그림 5-4] 유체마찰 실습

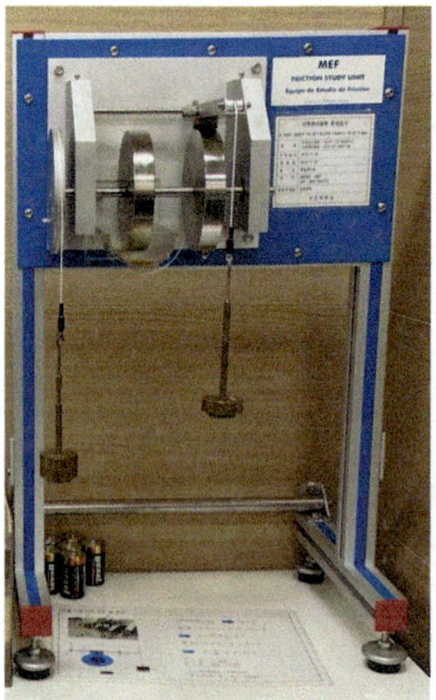

< 건조마찰 실습 준비 >

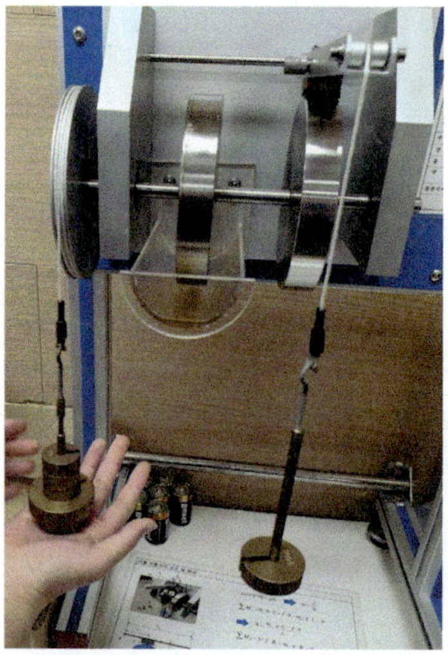

< 분동 무게 증가 >

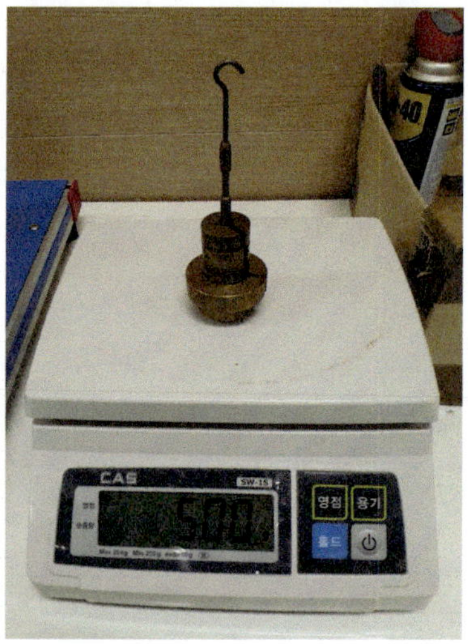

< 실습 분동 무게 계측 >

[그림 5-5] 건조마찰 실습

재료공학실습 보고서

제목	건조 및 유체마찰 실습
제출자	반/조: 학번: 이름:
실습 목적	
실습 과정	1. 실험대상(그림으로 그릴 것) 2. 실험 과정
실습 결과	• 실험결과

구분	분동 무게(m_2)	분동 무게(m_1)	마찰계수
건조마찰	150g		
유체마찰	150g		

마찰계수 계산식: $\mu = \dfrac{f}{N} = \dfrac{m_1 l_1}{m_2 l_2 - m_1 h}$

수식에서 $l_1 = 60mm,\ l_2 = 180mm,\ h = 10mm,\ R_1 = R_2 = 60mm$

6 재료의 경도

재료공학실습

6.1 경도의 정의

이 세상에는 다양한 종류의 재료가 존재한다. 금속, 고분자, 세라믹 재료뿐 아니라 여러 가지 재료가 섞여 있는 복합재료 등 수많은 재료를 우리 주위에서 관찰할 수 있다. 이러한 재료들은 서로 다른 고유한 성질을 지니고 있는데, 예를 들면 가해지는 힘에 따라 변형되는 정도가 서로 다른 것을 탄성계수라고 한다. 대부분의 금속은 플라스틱과 같은 고분자 재료에 비해 동일한 힘을 가해도 적은 양의 변형을 일으키며 재료의 종류에 따라 서로 다른 성질을 보인다. 이와 같은 물리적 성질의 종류는 탄성계수, 포와송비 외에도 경도, 인장강도, 항복강도, 연신율 등이 있으며, 대표적인 물리적 성질로 탄성계수, 인장강도, 경도 등을 사용한다.

경도는 일반적으로 마모에 대한 저항으로 정의되며, 압축하중을 가할 때에는 변형에 대한 저항으로 정의되기도 한다. 물리적 성질로 경도를 사용하는 이유는 인장시험을 통해 얻을 수 있는 탄성계수, 포와송비, 인장강도(또는 항복강도)에 비해 재료의 변형을 크게 만들지 않고 재료의 특성을 알 수 있는 장점이 있기 때문이다. 또한 인장시험은 시험편을 만들어 실험해야 하지만 경도는 부품 상태에서 계측하여 그 결과를 쉽게 얻을 수 있는 장점이 있기 때문이다.

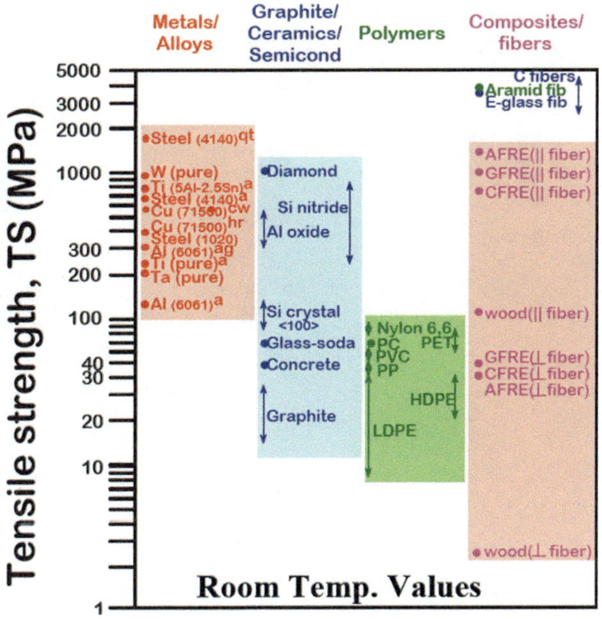

[그림 6-1] 인장강도와 온도의 크기에 따른 재료의 분류

6.2 경도계의 종류

경도계의 종류는 다양하지만, 비커스, 로크웰, 브리넬 경도계가 가장 유명하다. 비커스(Vickers) 경도계는 경도계로 누른 면적을 이용하여 경도를 계측하고, 로크웰(Rockwell)은 경도계로 누른 거리를 이용한다. 마지막으로 브리넬(Brinell) 경도계는 경도계로 누른 지름을 이용하여 재료의 강도를 계측한다. 그 외에도 플라스틱이나 고무 등의 연질 재료의 경도를 계측하는 데 사용되는 쇼어 경도계가 있다. 각 경도계로 계측한 경도 값 사이에는 환산표가 있어서 다른 경도계 값으로 변환이 가능하다.

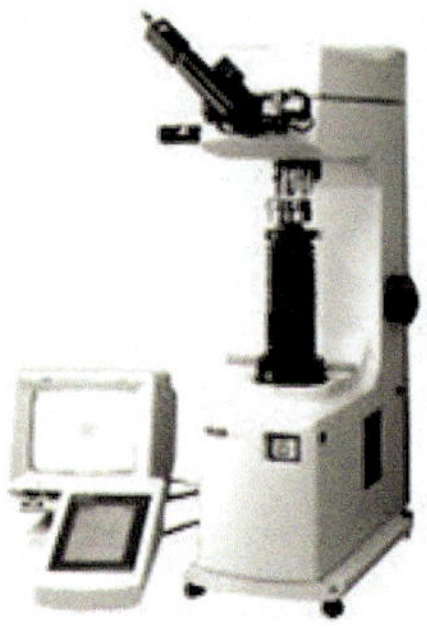

< 비커스 >

< 로크웰 >

< 브리넬 >

[그림 6-2] 경도계의 종류

6.3 플라스틱과 고무의 경도 계측 실습

▌실습 준비물

쇼어 경도계(Shore A/C/D), 자동차 부품(플라스틱, 고무)

▌실습 방법

1. 플라스틱 및 고무 재료의 경도 계측용 쇼어(Shore) 경도계를 준비한다.
2. 자동차 부품 중 Lens(lamp) 플라스틱 재료에 적합한 쇼어 경도계를 선택한다.
3. 경도계의 전원을 켜고 zero를 맞춘 다음 부품에 수직 방향으로 강하게 누른다.
4. 경도계에 표시된 경도값이 변하지 않으면 H(hold) 버튼을 눌러 값을 고정한다.
5. 경도계에 표시된 경도값을 입력하고 홀드 버튼을 한번 더 누른다.
6. Dash board 플라스틱 부품에 대하여 3~5번 과정을 동일하게 수행한다.
7. Assist arm 플라스틱 부품에 대하여 3~5번 과정을 동일하게 수행한다.
8. L. arm A-부시 고무 부품에 대하여 3~5번 과정을 동일하게 수행한다.
9. Hanger 고무 부품에 대하여 3~5번 과정을 동일하게 수행한다.
10. Bearing seal 고무 부품에 대하여 3~5번 과정을 동일하게 수행한다.
11. 플라스틱 및 고무 부품에 대하여 계측한 경도값이 적합한가 검토한다.

< Shore 경도계 A/C/D >

< 연질 고무-Shore A >

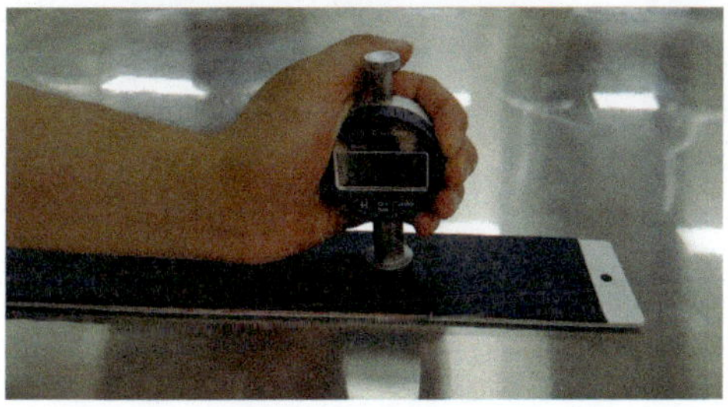

< 중질 고무-Shore C >

< 경질 고무 및 플라스틱-Shore D >

[그림 6-3] 플라스틱 및 고무 경도 계측용 시험기

▌실습 장면

< Lens(lamp) >

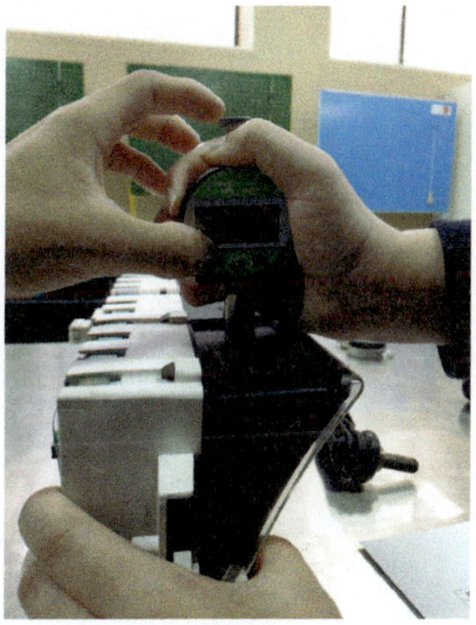

< Dash board >

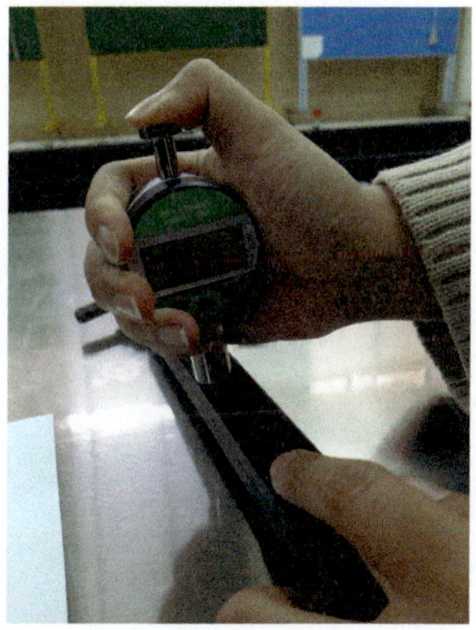

< Assist arm >

[그림 6-4] 플라스틱 부품 경도계측 실습

< L. arm A-부시 >

< Hanger >

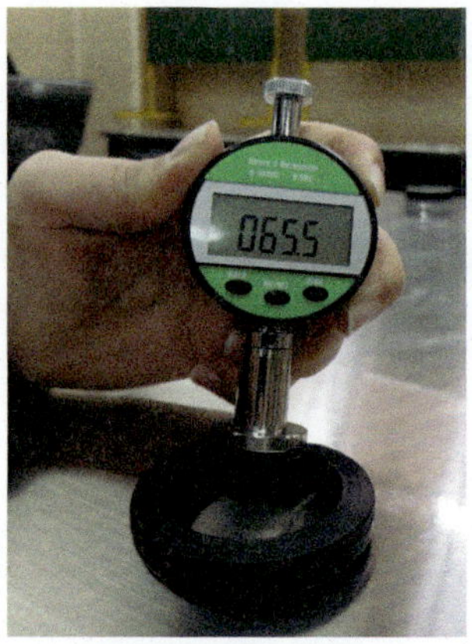

< Bearing seal >

[그림 6-5] 고무 부품 경도계측 실습

재료공학실습 보고서

제목	플라스틱과 고무의 경도 계측 실습
제출자	반/조: 학번: 이름:
실습 목적	
실습 과정	1. 실험대상(그림으로 그릴 것) 2. 실험 과정
실습 결과	• 실험결과

부품명	재료명	구분 (플라스틱/고무)	쇼어 경도계	경도값
Lens(lamp)	PC	플라스틱	A, B, C	
Dash board	ABS	플라스틱	A, B, C	
Assist arm	PA66+GF30	플라스틱	A, B, C	
L. arm A-부시	NR	고무	A, B, C	
Hanger	EPDM	고무	A, B, C	
Bearing seal	ACM	고무	A, B, C	

7 열처리 및 금속의 경도

재료공학실습

7.1 금속의 열처리

금속 재료는 원래 상태에서 가열하고 적절히 냉각시키는 과정에서 재료의 물리적 성질이 변하게 된다. 이러한 특성을 활용하여 금속 재료를 사용자의 의도에 맞게 그 성질을 변화시키는 작업을 열처리라고 한다. 열처리 작업을 하는 이유는 다양하다. 금속 재료의 기계적 성질을 변화시키거나 조직을 미세화하고, 강한 재료의 경우에는 조직을 연화시키기도 하고 재료 내부에 존재하는 편석을 제거하기도 하며 표면에 경화층을 생성하여 인장강도를 높이기도 한다.

< 고대의 열처리 >

< 현대의 열처리 >

[그림 7-1]

7.2 열처리의 종류

대표적인 금속 재료이며 우리 일상생활에서 가장 많이 사용되는 철강은 크게 4가지 방법으로 열처리하고 있다. 담금질(quenching)은 고온에서 물 또는 기름을 이용하여 급속 냉각하여 경도를 향상시키는 용도로 사용되지만 재료에 취성이 발생하는 단점이 있다. 이러한 담금질의 단점을 보완하기 위해 일반적으로 뜨임(tempering)을 하게 된다. 뜨임은 담금질 후 다시 가열하였다가 공기 중에서 서서히 냉각시키는 방법으로 담금질을 보완하고 조직을 안정화하며 내부에서 발생한 응력을 제거하는 역할을 한다. 풀림(annealing)은 일정 온도로 가열한 후 노 내에서 냉각하는 방법으로 재료 내부의 조직을 균일하게 만들고 응력을 제거하는 효과가 있다. 마지막으로 불림(normalizing)은 일정 온도로 가열한 후 공기 중에서 냉각하는 방법으로 강제 송풍 방식을 많이 사용한다. 조직을 미세화함으로써 가공성과 기계적 성질을 개선하는 효과가 있다. 불림은 냉간 가공이나 단조 등으로 인해 발생한 내부 응력을 제거할 수 있는 열처리 방법이다.

< 담금질 >

< 풀림 >

< 뜨임 또는 불림 >

[그림 7-2] 열처리의 종류

7.3 철강의 열처리 및 경도 계측 실습

실습 준비물

열처리용 세라믹 전기로, 도가니(알루미나), 도가니 집게, 도가니 선반, 도가니 받침대, 강철 블록(SM45C), 휴대용 경도계, 담금질용 물

실습 방법

1. 세라믹 전기로의 전원을 켜고 열처리 온도(830℃) 및 시간(1hr)을 설정한다.
2. 강철(SM45C) 블록 4개를 도가니에 담아 전기로에 넣는다.
3. 열처리 사이클에 따라 830℃까지 올라간 강철 블록 중 1개를 담금질용 물에 담가 급냉한다(담금질 열처리).
4. 고온의 강철 블록 1개를 공기 중에서 서서히 냉각한다(공냉, 불림 열처리).
5. 고온의 강철 블록 1개를 전기로에 그대로 둔 채 문을 닫고 서서히 냉각한다(노냉, 풀림 열처리).
6. 고온의 강철 블록 1개를 담금질용 물에 담가 급냉한 후 다시 전기로에 넣어 450℃까지 가열하여 1시간 유지한 다음 꺼내어 공기 중에서 서서히 냉각한다(뜨임 열처리).
7. 4가지 방법으로 열처리된 강철 블록 각각에 대하여 휴대용 경도계를 이용하여 5회씩 서로 다른 위치에서 경도를 계측한다.
8. 휴대용 경도계에서 계측되어 평균값이 계산된 여러 가지 종류의 강도 계측값을 읽는다(로크웰 HRA/HRB/HRC, 브리넬 HB, 비커스 HV, 리브 HL, 쇼어 HS 등).
9. 동일한 재료에 대하여 열처리 방법에 따라 서로 다른 경도값을 보이는 것을 확인하고 그 값을 서로 비교하여 열처리 효과에 대하여 검토한다.

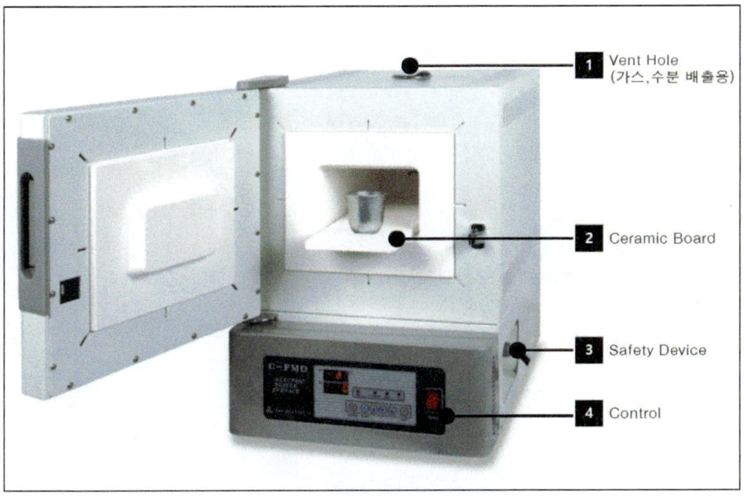

< 세라믹 전기로 >

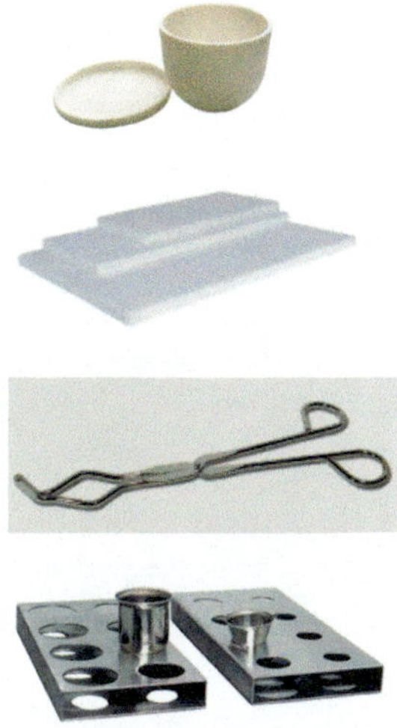

< 도가니, 집게, 선반, 받침대 >

[그림 7-3] 열처리 기자재

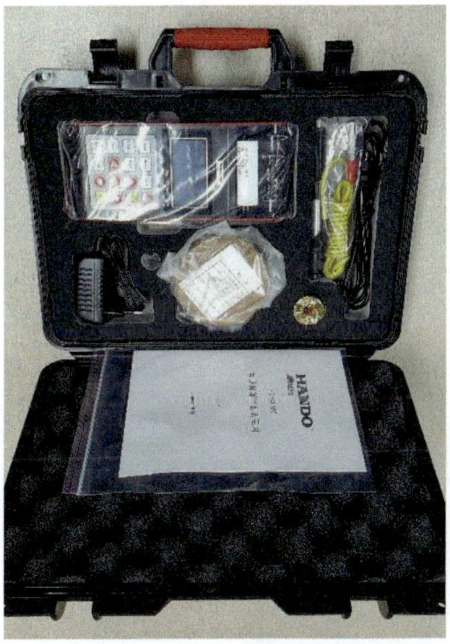

< 휴대용 경도계 >

< 경도계 측정방법 >

[그림 7-4] 휴대용 경도계 및 계측 방법

참고) 열처리 시간 설정 : 소재의 두께 1인치당 1시간으로 설정함

▍실습 장면

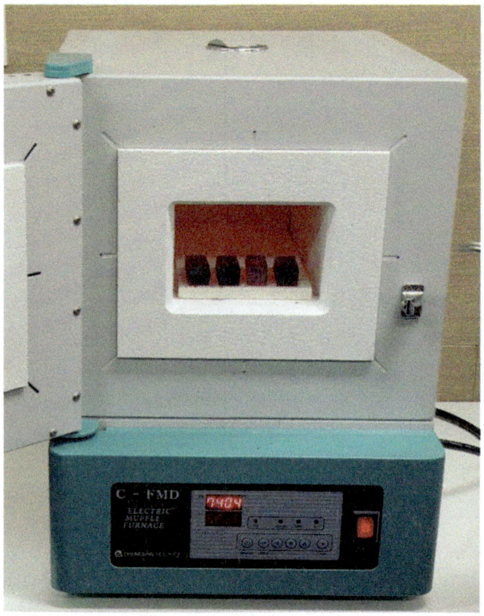

< 고온 가열(830℃) >

< 급냉(담금질) >

< 공냉(뜨임, 불림) >

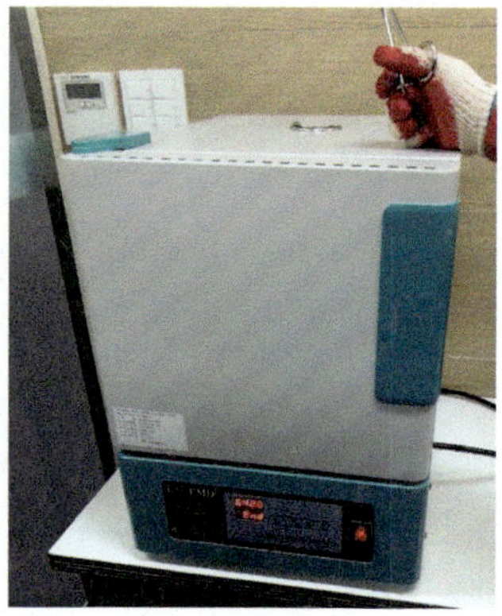

< 노냉(풀림) >

[그림 7-5] 열처리 실습

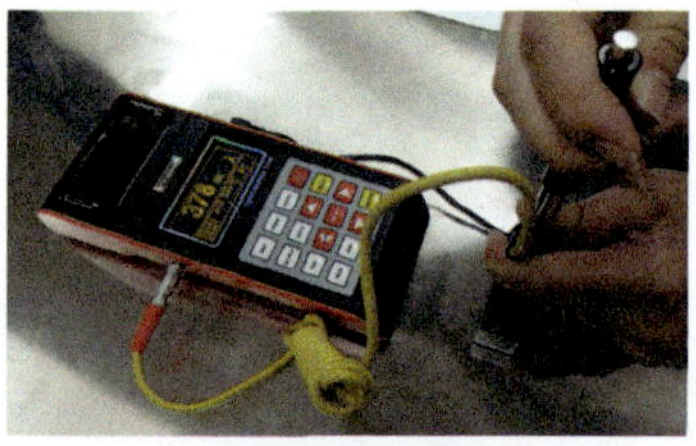

< 원소재(SM45C) >

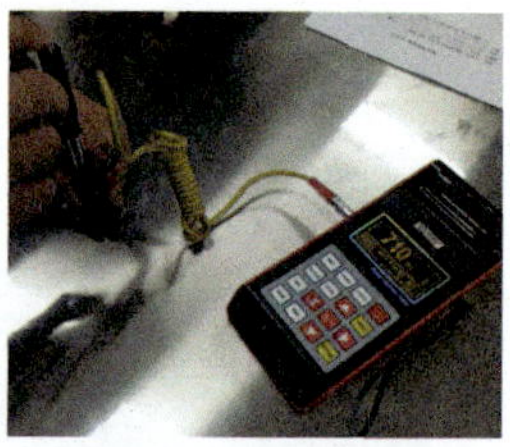

< 담금질(Q) >

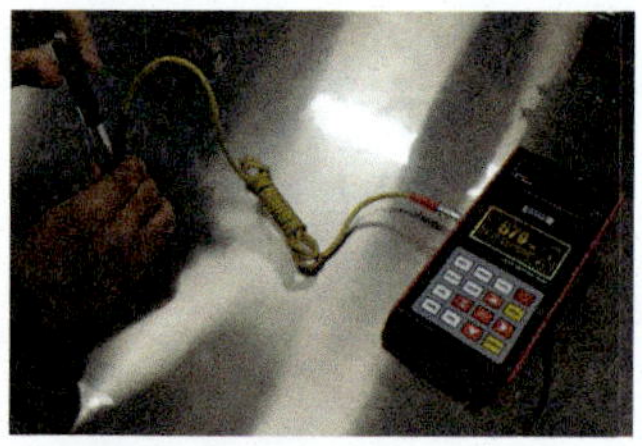

< 뜨임(T) >

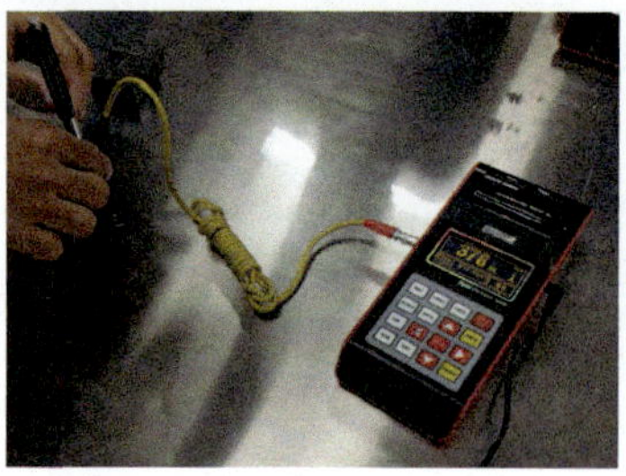

< 불림(N) >

< 풀림(A) >

[그림 7-6] 열처리된 강철 재료 경도 계측 실습

재료공학실습 보고서

제목	철강의 열처리 및 경도 계측 실습
제출자	반/조: 학번: 이름:
실습 목적	
실습 과정	1. 실험대상(그림으로 그릴 것) 2. 실험 과정
실습 결과	• 실험결과

구분	HL	HV	HB	HRA	HRB	HRC	HS
원소재(SM45C)							
담금질(Q)							
뜨임(T)							
불림(N)							
풀림(A)							

8 인장시험

재료공학실습

8.1 재료의 종류

고체 재료의 종류는 크게 철금속, 비철금속, 세라믹, 고분자 재료, 복합재료 등으로 나눌 수 있다. 철금속은 철(Fe)가 들어간 재료로 탄소(C) 함량에 따라 다양한 철금속을 만들 수 있다. 탄소 함량이 낮은 것부터 순철, 철강, 주철로 나눌 수 있다. 비철금속은 철이 들어가지 않는 금속재료로 알루미늄, 구리, 마그네슘 등의 금속이 있고 서로 다른 금속 2개 이상을 합하여 좋은 성질을 얻는 합금도 있다.

[그림 8-1] 자동차에 사용되는 다양한 재료

세라믹 재료는 일반적으로 1개 또는 그 이상의 금속 원소와 비금속원소의 조합으로 만들어지는 물질로 비금속 원소에는 산소가 가장 많고 탄소와 질소도 있다. 대표적인 것으로 알루미나(Al_2O_3), 지르코니아(ZrO_2), 탄화규소(SiC), 질화규소(Si_3N_4) 등이 있다. 이외에도 세라믹과 비슷한 재료로 콘크리트와 같은 무기재료, 단열재 및 보온재와 같은 내화재료, 금속의 표면을 연삭하는 연삭재료와 같은 소재도 있다.

고분자 재료는 크게 열경화성 플라스틱과 열가소성 플라스틱, 고무와 같은 재료가 있다. 열경화성 플라스틱은 페놀 수지, 에폭시 수지, 멜라민 수지와 같이 고온이 되면 녹지 않고 타기 때문에 더 이상 사용할 수 없는 소재이고, 열가소성 플라스틱은 고온에서 녹기 때문에 재성형이 가능한 것으로 PE, PP, PVC와 같은 범용 플라스틱과 나일론(PA), PC, PET와 같은 엔지니어링 플라스틱이 있다. 고무는 천연고무와 합성고무가 있고 합성고무는 CR, SBR, NBR, EPDM과 같은 다양한 종류가 있다.

8.2 재료시험법

재료의 물리적, 기계적 성질을 살펴보는 방법은 크게 두 가지가 있다. 첫 번째 방법은 재료의 구조를 미시적(micro)으로 관찰하는 방법으로 다양한 종류의 현미경을 이용하여 관찰하는 방법이다. 미시적으로 관찰할 수 있는 현미경의 종류에는 광학 현미경에서부터 SEM(주사전자 현미경, Scanning Elecron Microscope), TEM(투과전자현미경, Transmission Electron Microscope)와 같은 고배율 현미경이 있다. 현미경으로 관찰한 재료의 미시적 구조를 이용하여 기계공학에서 사용하는 물리적, 기계적 물성치를 얻는 노력은 그동안 많이 시도되어 왔지만 아직까지 정확한 값을 얻기에 부족한 점이 있어 거시적(macro) 방법을 사용하여 물성치를 얻는 경우가 대부분이다.

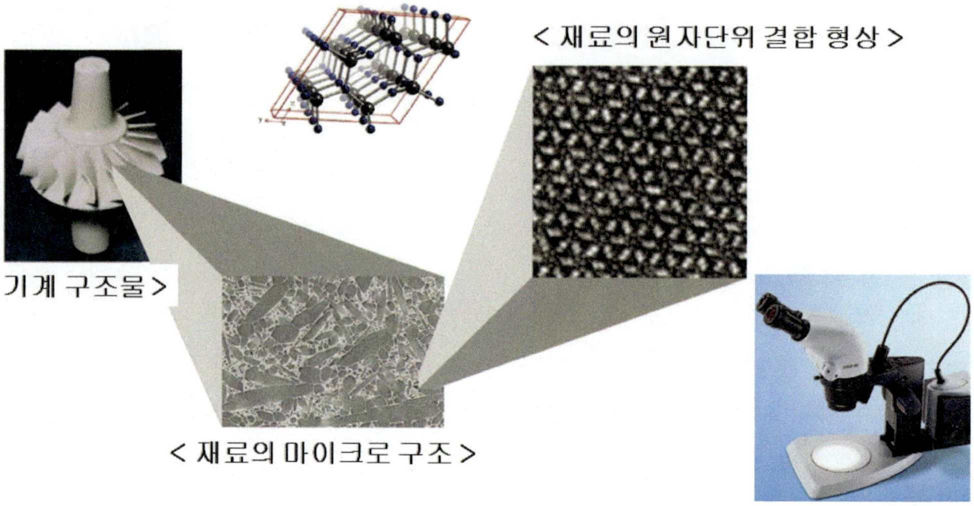

[그림 8-2] 재료를 미시적으로 관찰하는 방법

거시적 방법으로 얻게 되는 물리적, 기계적 물성치의 종류는 다양하다. 물리적 물성치는 열처리 등 외부 요인이 작용하여도 크게 변하지 않는 물성치를 말하며 탄성계수, 포와송비 등이 이에 속한다. 이에 비해 기계적 성질은 열처리 등에 의해 물성치를 크게 변화시킬 수 있는 것으로 항복강도, 인장강도, 연신율 등이 이에 해당된다.

재료가 얼마나 큰 힘을 견딜 수 있는지 살펴보는 방법은 다양하게 존재하지만, 대표적인 것은 경도 측정 방법과 강도 측정 방법이 있다. 재료의 역학적 특성을 살펴보는 가장 좋은 방법은 강도 측정 방법이다. 강도를 측정하는 시험기의 대표적인 것이 만능재료시험기이며 이 장비는 인장시험, 압축시험, 굽힘시험 등을 모두 수행할 수 있다. 가장 대표적인 시험방법이 인장시험이므로 이에 대하여 설명해 보도록 한다.

인장시험기는 힘을 가하는 부분과 늘어난 길이를 측정하는 부분으로 크게 나눌 수 있다. 힘을 크게 가하면 가할수록 더 많이 늘어나는 것은 당연하지만 늘어나는 양상은 다르다. 처음에는 늘어나는 힘의 크기에 비례하여 늘어나지만 시간이 지날수록 힘을 적게 가해도 더 많이 늘어나게 된다. 다시 말하면 가해준 힘과 늘어난 길이의 곡선이 직선에서 곡선으로 변한다는 것이다. 이것은 마치 용수철에 힘을 주어 당기면 그 길이가 늘어나는 현상과 비슷한 것이다.

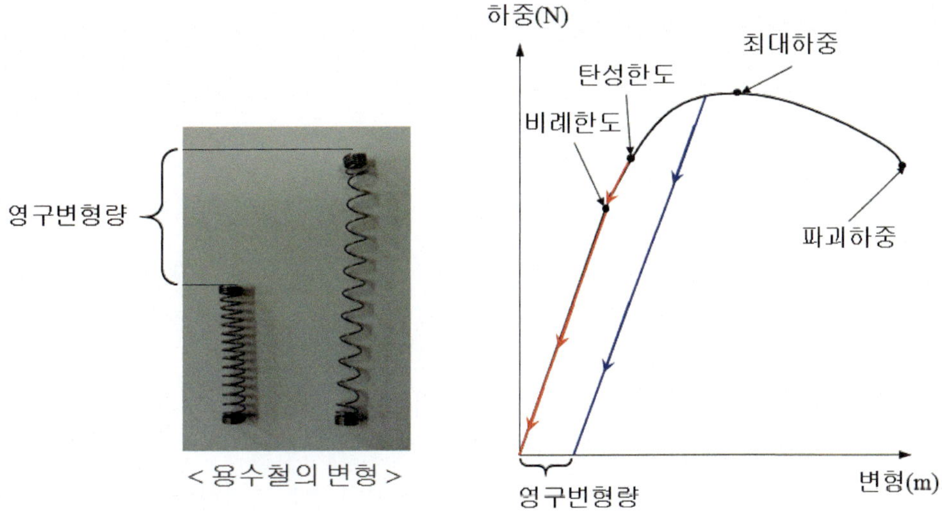

[그림 8-3] 힘-변형량 곡선에 대한 설명

처음 용수철의 길이 방향으로 힘을 주어 당기면 힘-변형량 곡선처럼 직선으로 변형한다. 직선 구간의 마지막 점을 비례한도(proportional limit)라고 한다. 비례한도 이상으로 힘을 가하면 곡선 구간이 되는데 곡선 구간 중에서 힘을 제거하면 처음 용수철의 길이로 다시 되돌아오는 최대점이 존재한다. 이 점을 탄성한도(elastic limit)라고 한다. 비례한도 이하를 포함하여 탄성한도 이하에서 하중을 제거하면 하중을 가할 때의 직선 및 곡선과 동일한 궤적을 그리면서 원래대로 돌아가 늘어난 길이가 전혀 발생하지 않는다. 그러나 탄성한도 이상 힘을 가한 후 다시 그 힘을 제거하면 힘을 가한 곡선을 따라 원래상태로 돌아가지 않고 비례한도 이하 직선구간의 기울기와 동일한 기울기를 가진 채 직선 형태로 힘이 제거되어 처음 길이로 되돌아가지 못하고 늘어난 길이가 발생한다. 이것을 영구변형량이라고 한다.

탄성한도 이상으로 계속 힘을 가하다 보면 하중의 크기가 최대값을 나타낸 후 서서히 줄어들기 시작하는데 이때 최대값을 최대하중(maximum load)이라고 한다. 최대하중 점에 도달한 이후부터 하중은 작아지지만 늘어나는 길이는 급속히 증가하게 되며 일정한 시간이 지나면 재료가 파손에 이르게 된다. 파손할 때 힘의 크기를 파손하중(fracture load)이라고 한다.

8.3 휴대용 인장시험기 실습

▌ 실습 준비물

휴대용 인장시험기, 인장시험편, 버니어 캘리퍼스, 네임펜, 자, 공구(육각 렌치)

▌실습 방법

1. 이동식 인장시험기와 판형 인장시험편을 준비한다.
2. 인장시험편에 길이 방향으로 50mm를 표시한다.
3. 버니어 캘리퍼스를 이용하여 시험편의 폭과 두께를 계측한다.
4. 육각 렌치를 이용하여 인장시험편을 이동식 인장시험기에 장착한다.
5. 하중 표시장치의 하중 값에 대하여 영점 조정한다.
6. 가력 부품을 이용하여 인장시험편에 천천히 하중을 가하여 파단될 때까지 실험한다.
7. 인장시험 도중 최대하중을 기록하고 파단 후 변형량을 계측한다.
8. 금속재료 시험의 경우 시험 중 네킹 현상을 관찰한다.
9. 최대하중을 이용하여 인장강도를 계산하고 변형량으로부터 변형율을 계산한다.

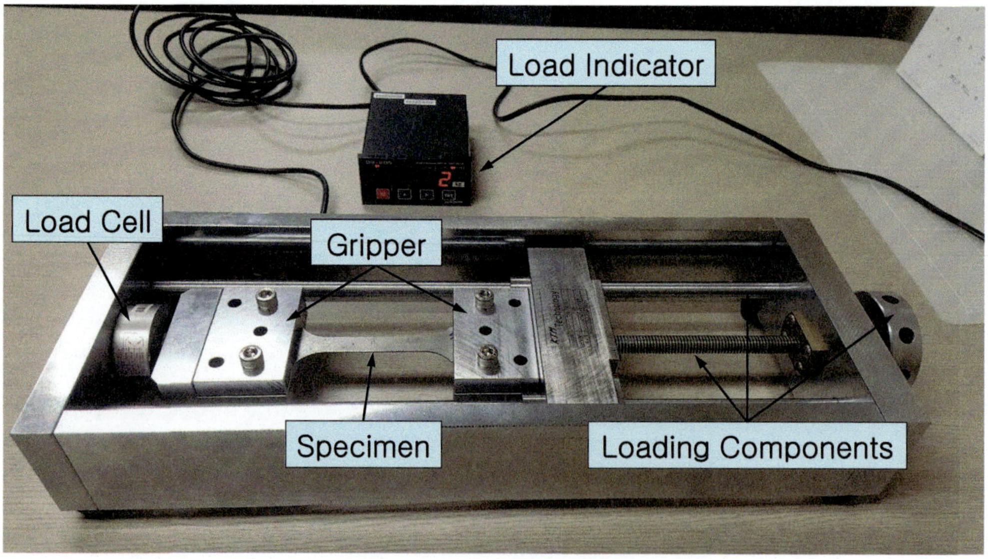

[그림 8-4] 이동식 인장시험기

< 네킹 현상 >

< 연성재료 파손 >

[그림 8-5] 금속재료의 인장시험 시 네킹 및 파손 형상

▌실습 장면

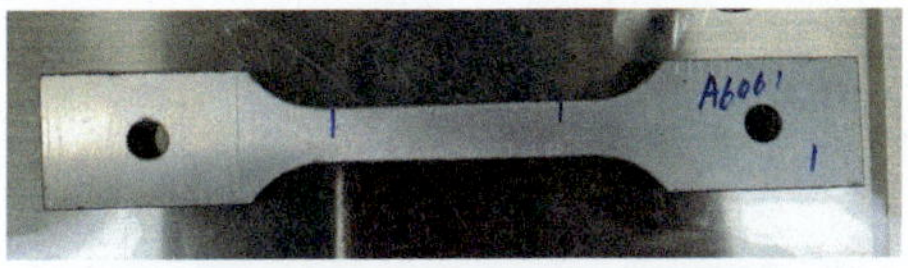

< 초기 길이 50mm 표시>

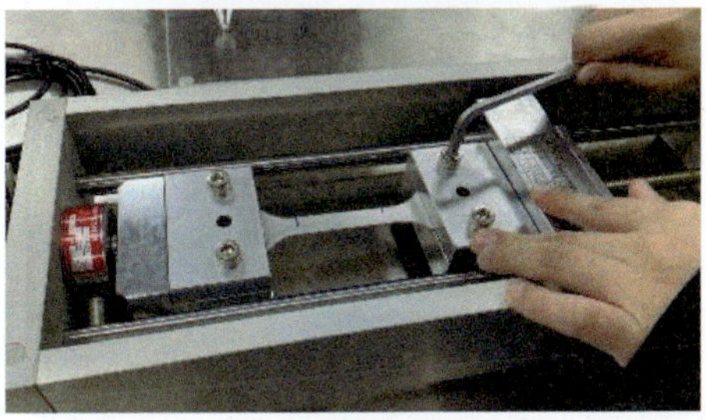

< 인장시험편 장착 >

< 인장시험 >

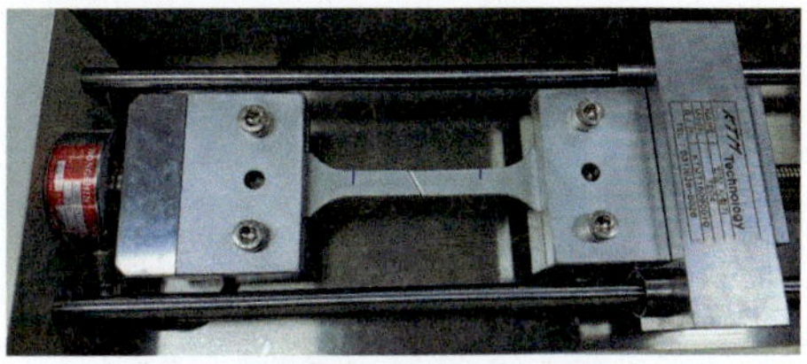

< 수동방식 인장실험 >

< 인장시험편 파손 >

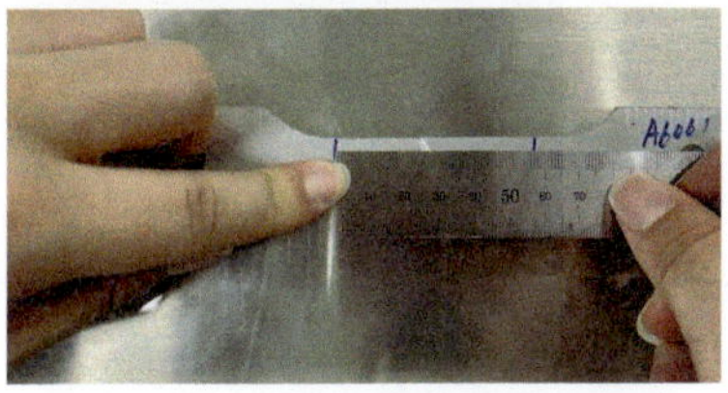

< 번형량 계측 >

[그림 8-6] 휴대용 인장시험기 실습 장면

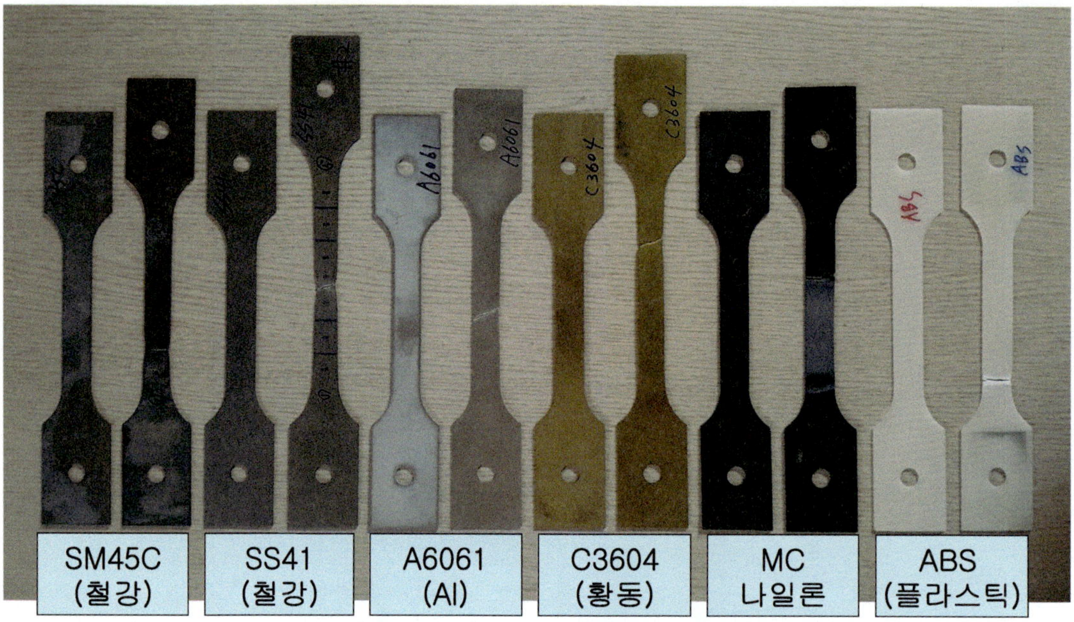

[그림 8-7] 재료별 인장시험 결과

재료공학실습 보고서

<table>
<tr><td>제목</td><td colspan="3">휴대용 인장실습기 실습</td></tr>
<tr><td>제출자</td><td>반/조:</td><td>학번:</td><td>이름:</td></tr>
<tr><td>실습 목적</td><td colspan="3"></td></tr>
<tr><td>실습 과정</td><td colspan="3">1. 실험대상(그림으로 그릴 것)

2. 실험 과정</td></tr>
<tr><td>실습 결과</td><td colspan="3">• 실험결과</td></tr>
</table>

시험 조건		시험 결과	
소재 종류		최대 하중(N)	
표점 길이(mm)	50	인장 강도(MPa)	
폭(mm)		변형량(mm)	
높이(mm)		연신율(%)	

9 금속의 인장시험

재료공학실습

9.1 응력

인장시험을 하다 보면 동일한 재료, 동일한 길이에 대해서 서로 다른 힘-변형량 곡선을 나타낸다는 것을 발견하게 된다. 그 이유를 살펴보면, 재료의 종류와 길이가 동일하다 해도 단면적의 크기가 다르면 늘어나는 길이에 차이가 발생하는 것을 확인할 수 있다. 이와 같은 발견에 대하여 같은 재료의 시험편에 대해 가해준 힘의 크기를 단면적으로 나누어 주면 동일한 결과를 얻을 수 있다는 사실을 알게 되었다. 그러므로 힘의 크기를 단면적으로 나눈 것을 응력(stress, N/m^2=Pa)이라고 부른다. 단위는 파스칼(Pa)이라고 부른다.

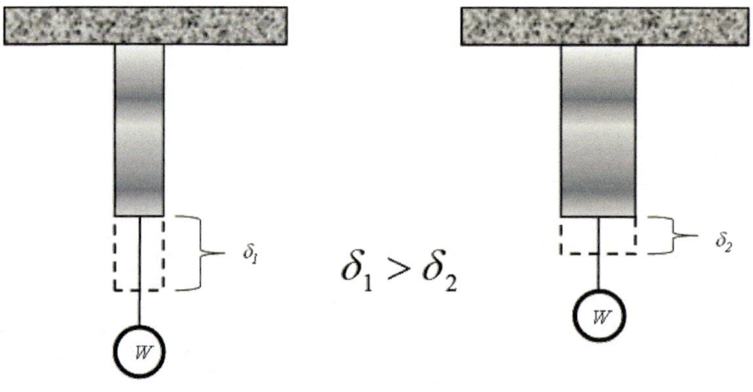

[그림 9-1] 응력 도입의 필요성

응력의 종류는 3가지로 인장하중을 가할 때 재료의 내부에 발생하는 인장응력(tensile stress), 압축하중을 가할 때 재료의 내부에 발생하는 압축응력(compressive stress), 전단하중을 가할 때 재료의 내부에 발생하는 전단응력(shearing stress)이 있다. 그 중 인장응력과 압축응력을 합하여 수직응력(normal stress)이라고 한다. 수직응력은 면에 수직방향으로 가한 인장 및 압축하중에 대하여 재료 내부에서 면에 수직방향으로 발생하는 응력이다.

인장응력과 압축응력은 면에 수직방향으로 발생하는 내부 힘이라는 측면에서 동일하지만 부호는 반대이다. 인장응력은 헬쓰장 케이블이나 줄다리기를 할 때 발생하고 당기는 힘이므로 (+) 기호로 표시한다. 이에 비해 압축하중은 건물의 기둥이나 피아노 다리, 못을 박을 때 발생하는 응력으로 누르는 힘이므로 (-) 기호로 표시한다.

$$\sigma(\text{인장응력}) = \frac{F}{A} \qquad \text{(식 9-1)}$$

$$\sigma(\text{압축응력}) = -\frac{F}{A}$$

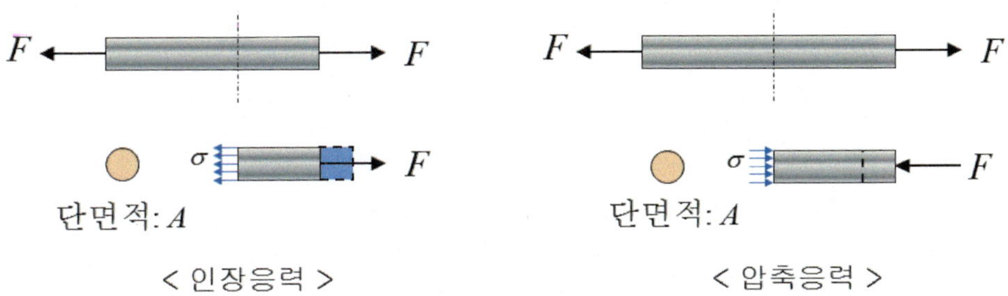

[그림 9-2] 인장 및 압축응력

9.2 변형율

인장시험을 하다 보면 동일한 재료, 동일한 단면적에 대해서 서로 다른 힘-변형량 곡선을 나타낸다는 것을 발견하게 된다. 그 이유를 살펴보면, 재료의 종류와 단면적이 동일하다 해도 재료의 길이가 다르면 늘어나는 길이에 차이가 발생하는 것을 확인할 수 있다. 이와 같은 발견에 대하여 같은 재료의 시험편에 대해 늘어난 길이를 초기 길이로 나누어 주면 동일한 결과를 얻을 수 있다는 사실을 알게 되었다. 그러므로 늘어난 길이를 초기 길이로 나눈 것을 변형율(strain, 무차원 단위)이라고 부른다.

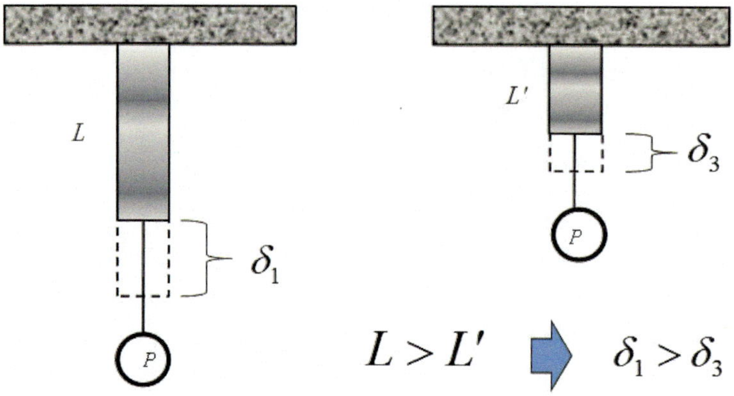

[그림 9-3] 변형율 도입의 필요성

인장변형율(tensile strain)과 압축변형율(compressive strain)은 면에 수직방향으로 발생하는 변형율이라는 측면에서 동일하지만 부호는 반대이다. 인장변형율은 피트니스센터 케이블이나 줄다리기를 할 때 발생하고 당기는 힘에 의해 발생하는 변형율이므로 (+) 기호로 표시한다. 이에 비해 압축변형율은 건물의 기둥이나 피아노 다리, 못을 박을 때 발생하는 압축하중에 의해 눌리는 변형율로 나타나므로 (-) 기호로 표시한다.

$$\epsilon(\text{인장변형율}) = \frac{\delta}{L} \qquad \text{(식 9-2)}$$

$$\epsilon(\text{압축변형율}) = -\frac{\delta}{L}$$

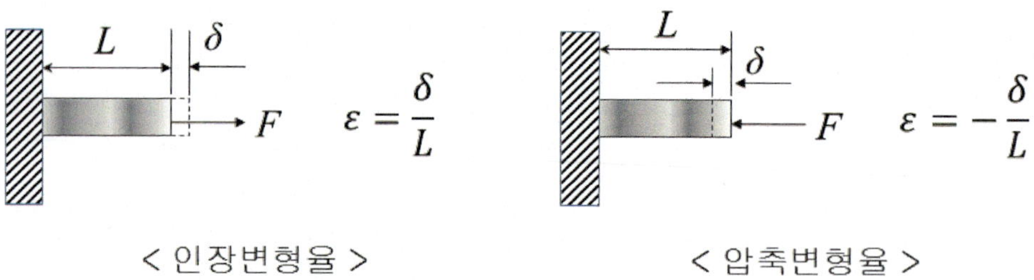

< 인장변형율 > < 압축변형율 >

[그림 9-4]

9.3 만능재료시험기 인장시험 실습

▌실습 준비물

만능재료시험기, 원형 금속 인장시험편, 버니어 캘리퍼스, 네임펜, 자, 사포, 티슈

▌실습 방법

1. 원통형 인장시험편을 준비한다.
2. 사포를 이용하여 인장시험편의 중앙부를 매끈한 표면이 될 때까지 표면처리한다.
3. 표면처리된 인장시험편을 티슈를 이용하여 깨끗하게 닦는다.
4. 원통형 인장시험편에 길이 방향으로 10mm씩 4개를 표시한다.
5. 버니어 캘리퍼스를 이용하여 시험편의 직경을 계측한다.
6. 만능재료시험기와 콘트롤러의 전원을 켜고 유압을 작동시킨다.
7. 만능재료시험기와 연결된 컴퓨터의 전원을 켜고 인장시험 프로그램을 작동시킨다.
8. 원통형 인장시험편을 만능재료시험기의 그리퍼에 결합하여 장착한다.
9. 만능재료시험기의 콘트롤러를 이용하여 하중과 변위에 대하여 영점 조정한다.
10. 컴퓨터 프로그램에서 시험 시작 아이콘을 클릭하고, 콘트롤러의 시험 시작 장치를 작동시킨다.
11. 시험 중 네킹 현상을 관찰한다.
12. 시험이 끝나면 콘트롤러의 시험 장치를 멈추고, 컴퓨터 프로그램의 정지 아이콘을 클릭하고 데이터를 저장한다,
13. 컴퓨터에 디스플레이된 시험 결과를 관찰한 후 파괴된 원통형 인장시험편을 회수하여 길이 및 직경 방향 변형량을 계측한다.
14. 시험 결과로 얻은 최대하중과 계측한 변형량을 이용하여 인장강도와 변형율을 계산한다.
15. 인장시험편의 파손된 단면을 관찰하며 연성재료의 파괴 메커니즘을 분석한다.

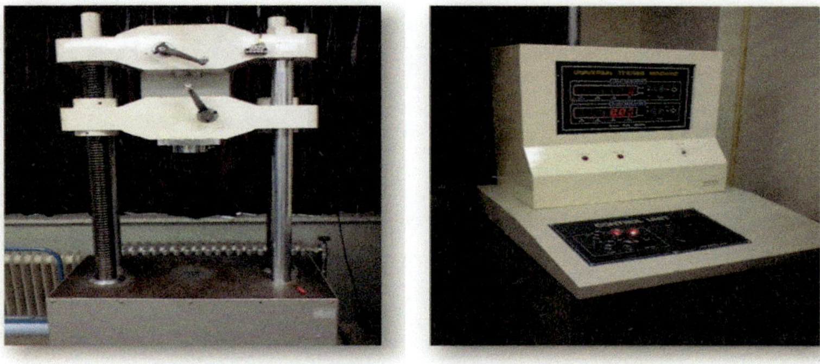

[그림 9-5] 만능재료시험기 본체와 콘트롤러

< 네킹 현상 >　　< 파손 모습 >

[그림 9-6] 금속재료의 인장시험 시 네킹 및 파손 형상

▌실습 장면

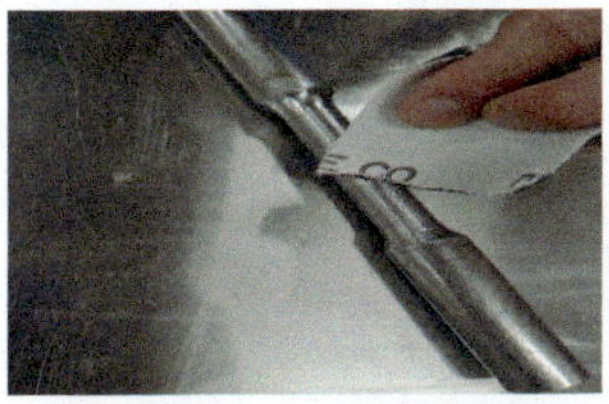

< 표면 사포 처리 >

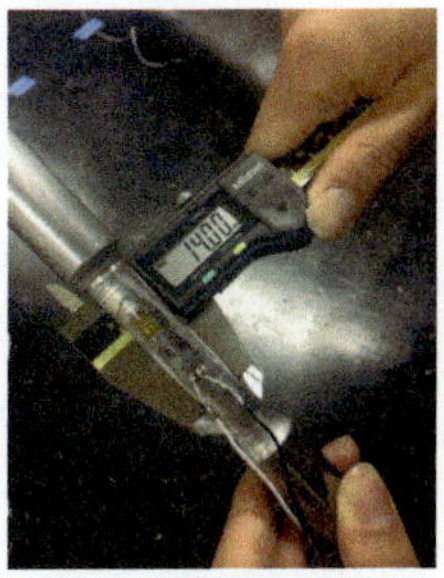

< 직경 계측 >

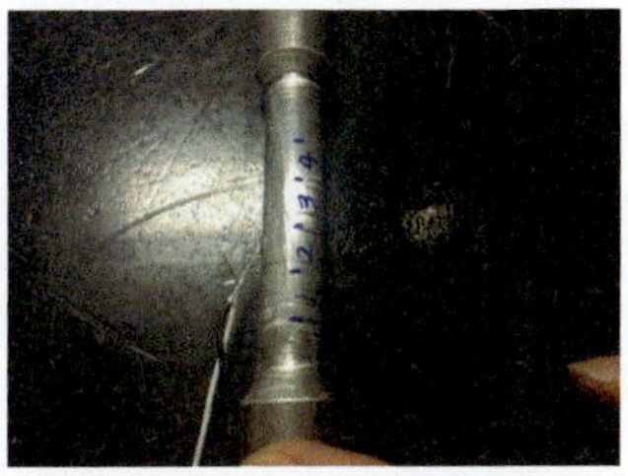

< 표점거리 표시 >

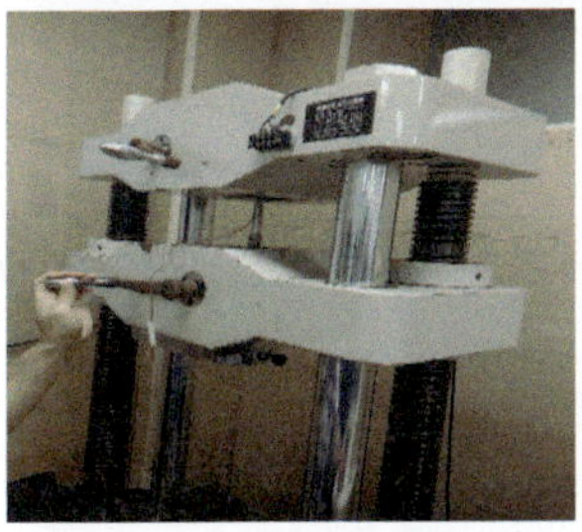

< 시험편 장착 >

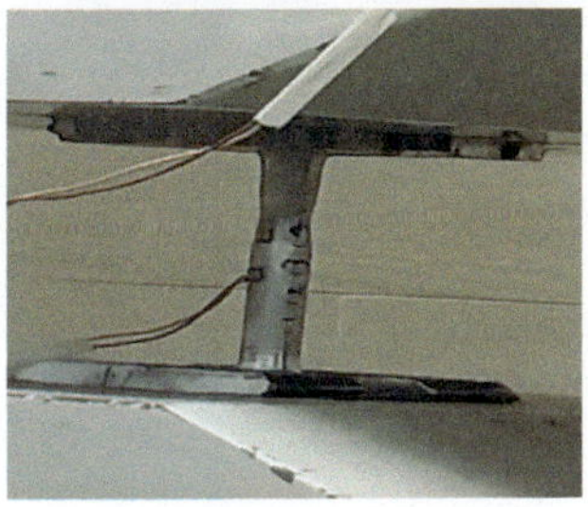

< 네킹 현상 >

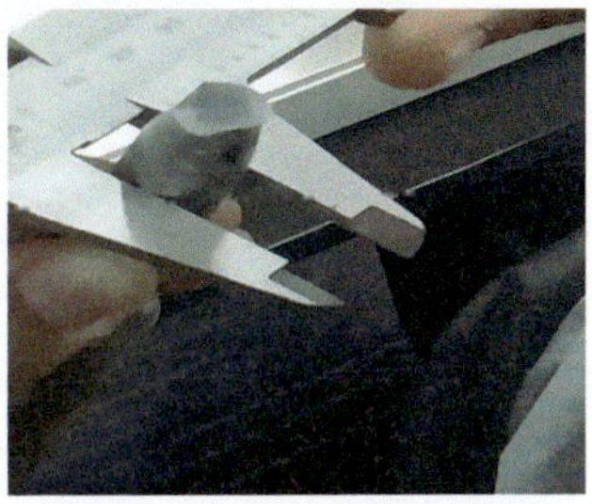

< 파손 후 결과 계측 >

[그림 9-7] 만능재료시험기 실습 장면

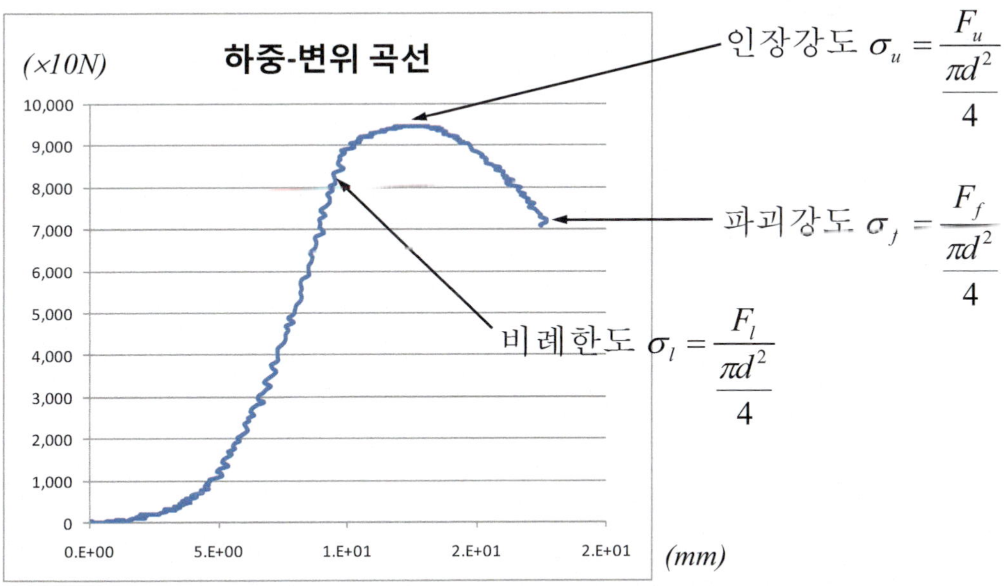

[그림 9-8] 원통형 만능재료시험기 실습 결과 사례

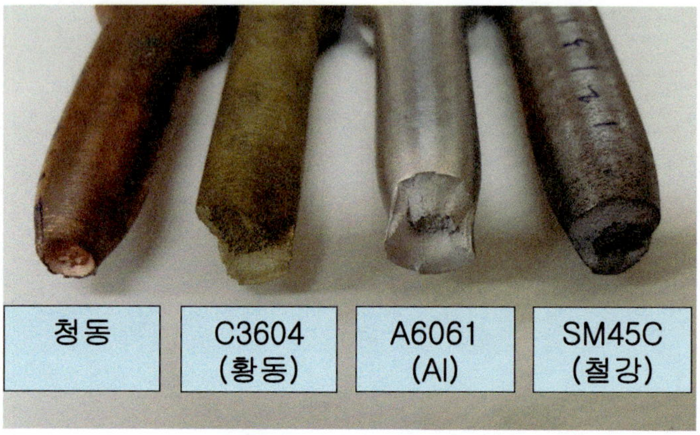

[그림 9-9] 재료별 인장시험 결과

재료공학실습 보고서

<table>
<tr><td>제목</td><td colspan="3">만능재료시험기 인장시험 실습</td></tr>
<tr><td>제출자</td><td>반/조:</td><td>학번:</td><td>이름:</td></tr>
<tr><td>실습 목적</td><td colspan="3"></td></tr>
<tr><td>실습 과정</td><td colspan="3">1. 실험대상(그림으로 그릴 것)

2. 실험 과정</td></tr>
<tr><td>실습 결과</td><td colspan="3">• 실험결과</td></tr>
</table>

시험 조건		시험 결과	
소재 종류		인장 강도(MPa)	
표점 길이(mm)	10	변형량(mm)	
직경(mm)		연신율(%)	

10 고분자 재료의 인장시험

재료공학실습

10.1 응력-변형율 곡선

하중-변형량 곡선에 대하여 단면적과 길이의 영향을 받지 않는 재료의 특성 곡선을 그리기 위해 하중 대신 응력, 변형량 대신 변형율을 도입하여 응력-변형율 곡선을 그리면 특정 재료의 특성을 쉽게 판단할 수 있다. 응력-변형율 곡선은 동일한 재료에 대하여 단면적이나 길이, 시험편 형상이 달라도 동일한 곡선을 얻을 수 있기 때문에 재료의 특성 분석에 용이하다.

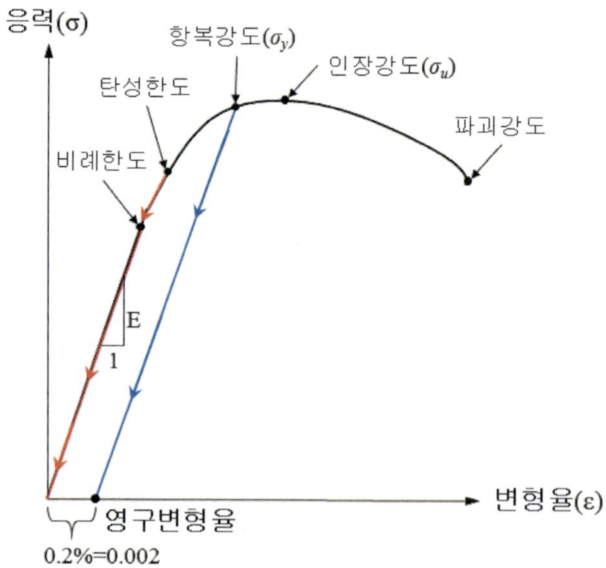

[그림 10-1] 응력-변형율 곡선

응력-변형율 곡선은 여러 가지 물리적, 기계적 물성치를 얻을 수 있다. 물리적 물성치로는 재료의 탄성계수를 얻을 수 있는데 비례한도 이하의 직선의 기울기에 해당되는 것이다. 기계적 물성치로는 비례한도, 탄성한도, 항복강도, 인장강도, 파괴강도를 얻을 수 있다.

힘-변형량 곡선과 유사하게 응력-변형율 곡선에서 직선 구간의 마지막 점을 비례한도(proportional limit)라고 한다. 비례한도 이상으로 힘을 가하면 곡선 구간이 되는데 곡선 구간 중에서 힘을 제거하면 처음 시험편의 길이로 다시 되돌아오는 최대응력 점이 존재한다. 이 점을 탄성한도(elastic limit)라고 한다. 비례한도 이하를 포함하여 탄성한도 이하에서 하중을 제거하면 하중을 가할 때의 직선 및 곡선과 동일한 궤적을 그리면서 원래대로 돌아가 늘어난 길이가 전혀 발생하지 않는다. 그러나 탄성한도 이상 힘을 가한 후 다시 그 힘을 제거하면 힘을 가한 응력-변형율 곡선을 따라 원래상태로 돌아가지 않고 비례한도 이하 직선구간의 기울기와 동일한 기울기를 가진 채 직선 형태로 힘이 제거되어 처음 변형율로 되돌아가지 못하는 변형율가 발생한다. 이것을 영구변형율이라고 한다.

탄성한도에서 좀 더 큰 힘을 가하다 보면 재료로서의 자기 기능을 더 이상 발휘하기 어려운 점에 도착하는데 그 점을 항복강도(yield strength)라고 하며 일반적으로 0.2% 영구변형율이 발생하는 위치를 말한다. 여기에서 더 큰 힘을 가하다 보면 응력의 크기가 최대값을 나타낸 후 서서히 줄어들기 시작하는데 이때 최대값을 인장강도(ultimate strength)이라고 한다. 응력의 최대점인 인장강도에 도달한 이후부터 응력의 크기는 작아지지만 변형율의 크기는 급속히 증가하게 되며 일정한 시간이 지나면 재료가 파손에 이르게 된다. 파손할 때 응력의 크기를 파손응력(fracture stress)라고 한다.

제품을 설계할 때 재료의 종류를 선정한 후 파손 가능성을 예측하여 제품의 사이즈를 결정하는 과정을 설계라고 하는데 이때 파손 가능성을 예측하는 데 사용하는 기계적 물성치로 항복강도 또는 인장강도를 사용한다. 그러므로 다양한 재료의 대표적인 물성치로 항복강도와 인장강도에 대한 자료를 제공하는 경우가 많다(부록 A 참조).

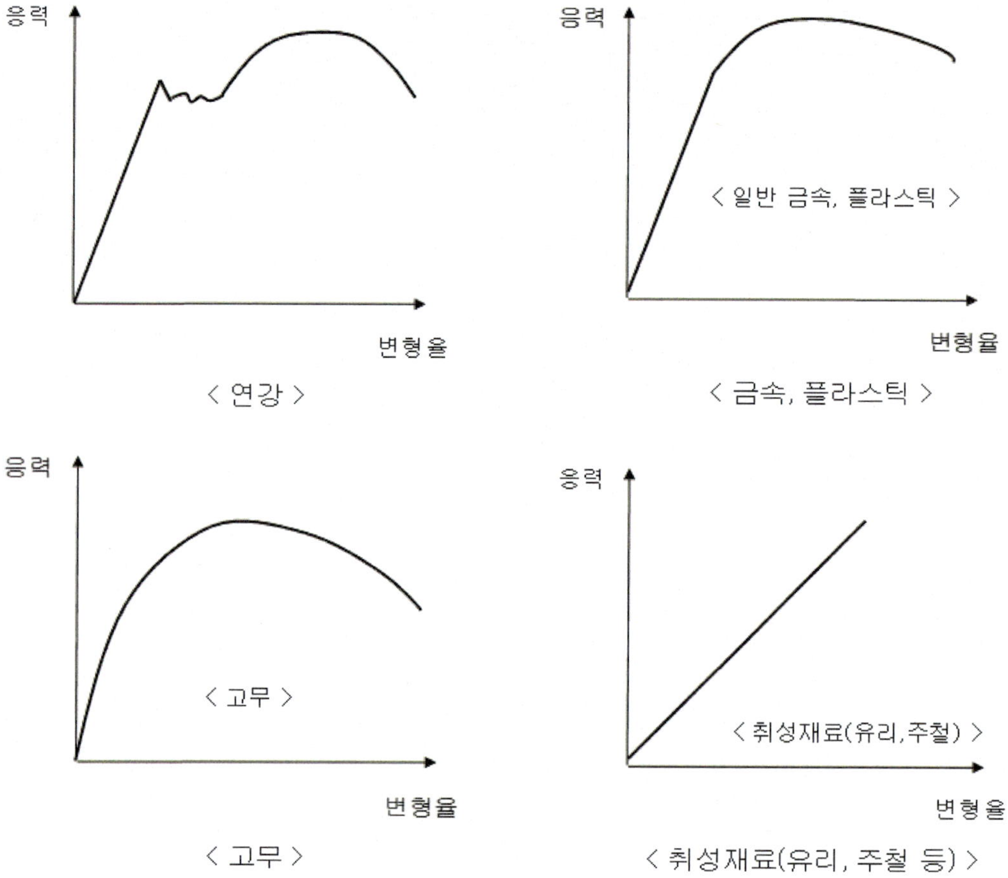

[그림 10-2] 재료의 응력-변형율 곡선

다양한 재료의 응력-변형율 곡선을 그 특성에 따라 분류하면 크게 네 가지로 정리할 수 있다. 항복점이 두 개 발생하는 연강은 다른 재료와 다른 독특한 모양을 나타내고, 일반적인 금속 및 플라스틱이 나타내는 곡선, 직선 구간이 짧은 고무, 직선 구간이 대부분이어서 곡선 구간이 거의 없는 취성재료의 곡선이다. 연강, 대부분의 금속, 플라스틱의 곡선 형태를 나타내는 재료는 연성재료라고 부르고 유리, 주철, 세라믹과 같은 재료가 나타내는 직선형 응력-변형율 곡선 재료를 취성재료라고 한다.

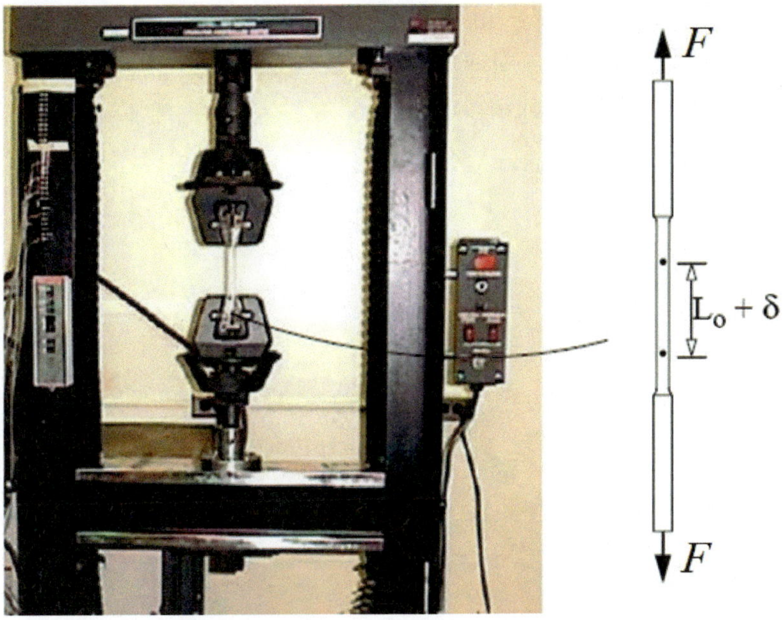

[그림 10-3] 인장시험기와 시험편의 사례

10.2 후크의 법칙

다양한 종류의 응력-변형율 곡선을 관찰하다 보면 모든 곡선에 공통적으로 직선구간이 존재한다는 것을 알 수 있다. 제품을 설계하다 보면 하중이 크게 작용하도록 설계하기보다 안전하게 설계하기 때문에 응력-변형율 곡선의 직선 구간이 중요한 역할을 차지한다. 곡선의 직선 구간 내의 응력을 고려하여 설계하면 제품이 안전한 상태로 사용될 수 있기 때문이다. 그러므로 곡선 내 직선 구간을 좀 더 자세히 살펴볼 필요성이 있다.

인장 및 압축하중에 대하여 응력-변형율 곡선의 직선 구간을 1차 함수($y = ax + b$)의 방정식으로 표현하면 y절편이 0이기 때문에 다음과 같다.

$$\sigma = E \times \epsilon \qquad \text{(식 10-1)}$$

여기서 σ(시그마)는 응력으로 y축에 해당되고 ϵ(입실론)은 변형율로 x축에 해당되며 E는 탄성계수로 직선의 기울기인 a에 해당된다. 탄성계수는 재료의 물리적 성질이며 열처리 등에 의해 변화하지 않는 물성치로 재료의 고유 특성이다. 대표적으로 철강은 207GPa, 알루미늄은 72GPa이며 철강과 알루미늄의 탄성계수는 암기하여 기억할 필요가 있다. 응력-변형율 곡선중 직선 구간에 대해 직선 방정식으로 표현되는 것을 후크의 법칙이라고 한다. 후크의 법칙을 자세히 살펴보면, 후크의 법칙은 응력과 변형율을 연결해 주는 식이라는 것을 알 수 있다. 참고로 응력식과 변형율 식은 응력-변형율 곡선의 모든 구간에 대해 만족하는 수식이지만 후크의 법칙은 비례한도 아래 직선 구간에만 적용되는 식이라는 점을 유념해야 할 것이다.

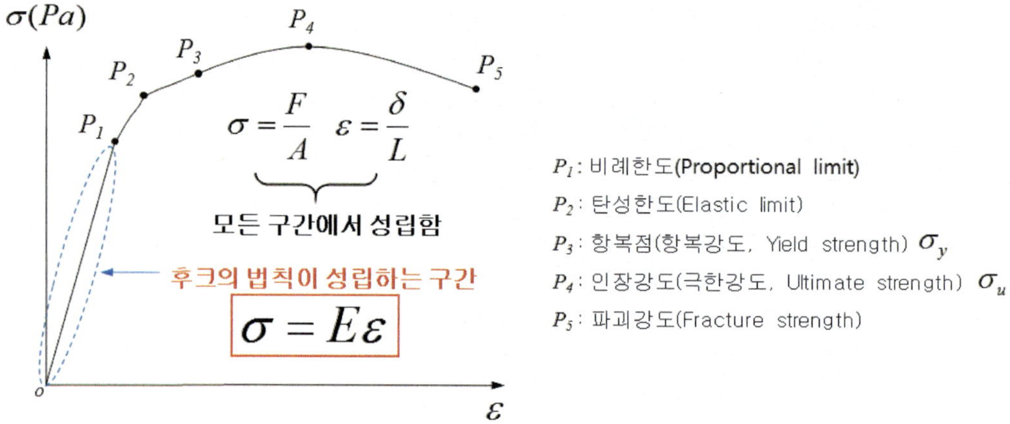

[그림 10-4] 후크의 법칙이 적용되는 구간

10.3 플라스틱-고무 인장시험 실습

▌실습 준비물

플라스틱-고무 인장시험기, 판형 인장시험편, 버니어 캘리퍼스

▌실습 방법

1. 판형 인장시험편을 준비한다.
2. 버니어 캘리퍼스를 이용하여 판형 인장시험편의 폭과 두께를 계측한다.
3. 플라스틱-고무 인장시험기와 컴퓨터의 전원을 켠다.
4. 컴퓨터에 설치되어 있는 인장시험 프로그램을 작동시킨다.
5. 시험기에 설치되어 있는 콘트롤러를 이용하여 시험기 길이에 맞게 그리퍼의 위치를 이동시킨다.
6. 상부 그리퍼에 인장시험편을 고정한 후 콘트롤러를 이용하여 하부 그리퍼를 이동한 다음 시험편의 하부를 고정하여 시험편 장착을 완료한다.

7. 컴퓨터의 인장시험 프로그램에서 시험편의 규격(폭, 두께)을 입력한다.
8. 컴퓨터의 인장시험 프로그램에서 영점 조정을 한 다음, 시작 버튼을 눌러 인장시험을 진행한다.
9. 인장시험편이 파손되면 상부와 하부 그리퍼에서 인장시험편을 분리한 다음 시험기의 콘트롤러를 이용하여 원래 위치로 이동시킨다.
10. 컴퓨터의 인장시험 프로그램을 통해 최대하중, 인장강도, 연신율 등 시험결과를 확인한다.
11. 시험결과를 나타내는 그래프를 출력하여 결과를 분석한다.

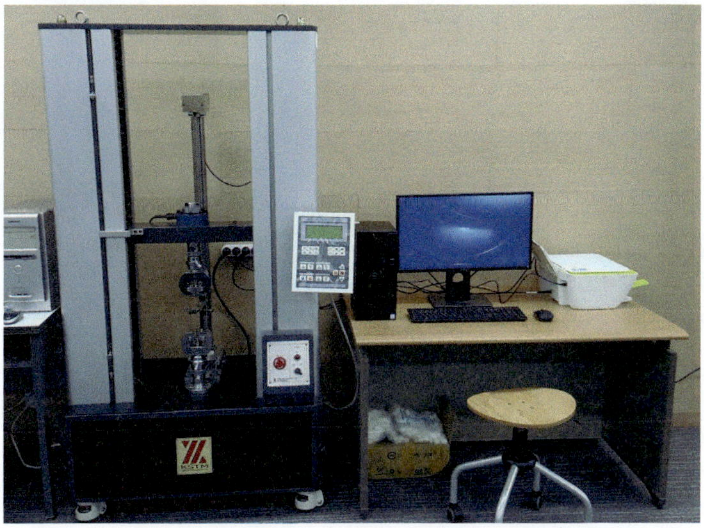

[그림 10-5] 플라스틱-고무 인장시험기

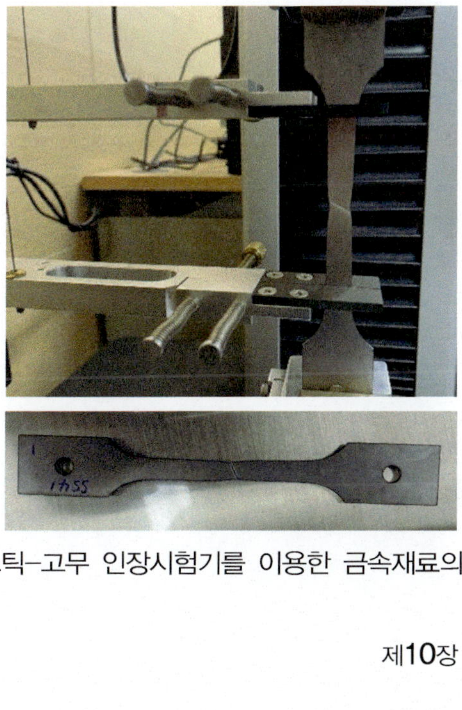

[그림 10-6] 플라스틱-고무 인장시험기를 이용한 금속재료의 네킹 및 파손 형상

▌실습 장면

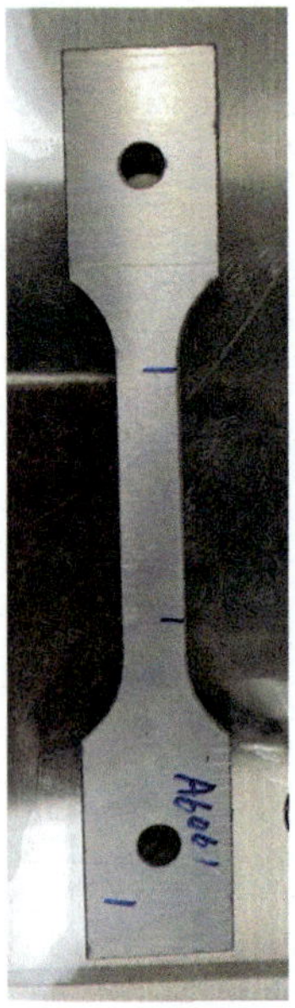

< 판형 인장시험편 >

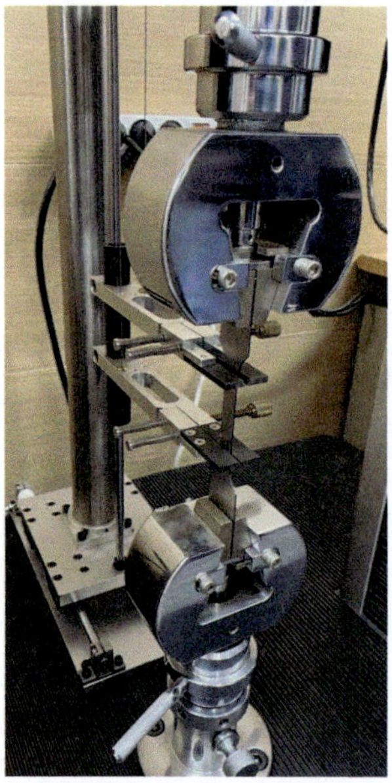

< 인장시험편 장착 >

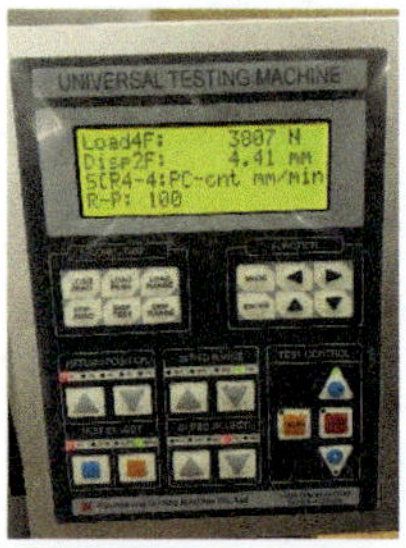

< 콘트롤러 시험화면 >

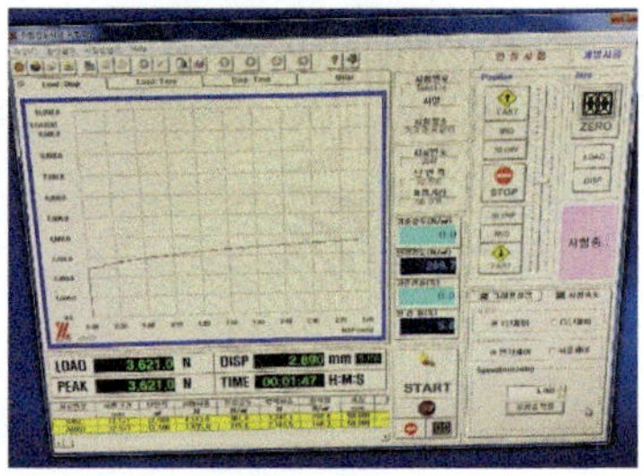

< 컴퓨터 시험 화면 >

[그림 10-7] 플라스틱-고무 인장시험기 실습 장면

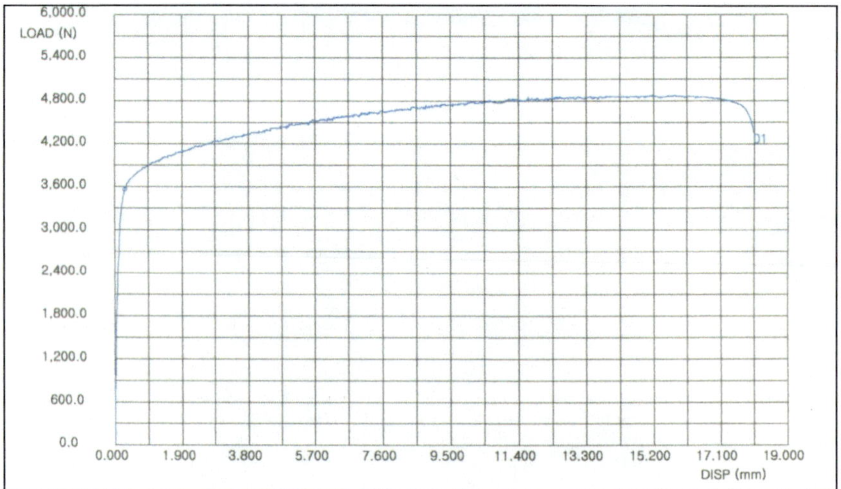

시료 번호	시료 규격 (mm)	최대 하중 (N)	인장 강도 (N/㎟)	항복 하중 (N)	항복점 (N/㎟)	표점 (mm)	최대 변위 (mm)	연신율 (%)	단면 수축율 (%)
01	12.5*1	4,892.5	391.4	3,570.6	285.6	50.000	18.030	36.06	0

[그림 10-8] 플라스틱-고무 인장시험 실습 결과 그래프 사례

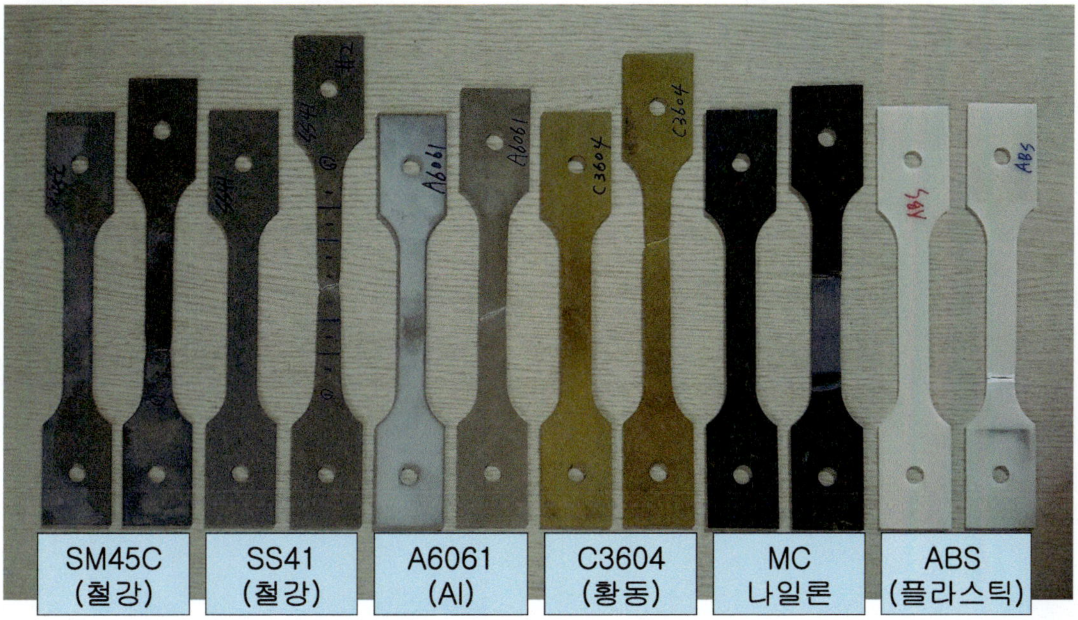

[그림 10-9] 재료별 플라스틱-고무 인장시험기 실습 결과

재료공학실습 보고서

<table>
<tr><td>제목</td><td>플라스틱-고무 인장시험 실습</td></tr>
<tr><td>제출자</td><td>반/조: 학번: 이름:</td></tr>
<tr><td>실습 목적</td><td></td></tr>
<tr><td>실습 과정</td><td>1. 실험대상(그림으로 그릴 것)

2. 실험 과정</td></tr>
<tr><td>실습 결과</td><td>• 실험결과</td></tr>
</table>

시험 조건		시험 결과	
소재 종류		최대 하중(N)	
표점 길이(mm)	50	인장강도(MPa)	
폭(mm)		항복강도(MPa)	
두께(mm)		탄성계수(GPa)	
시험 속도	mm/min	연신율(%)	

11 비틀림 하중

재료공학실습

11.1 비틀림 하중과 구조물

비틀림 하중이 가해지는 구조물은 축(shaft)이라고 한다. 비틀림 하중의 특성상 구조물은 회전하는 경우가 대부분이며 모터 축, 프로펠러 샤프트, 드라이브 샤프트 등이 이에 해당된다.

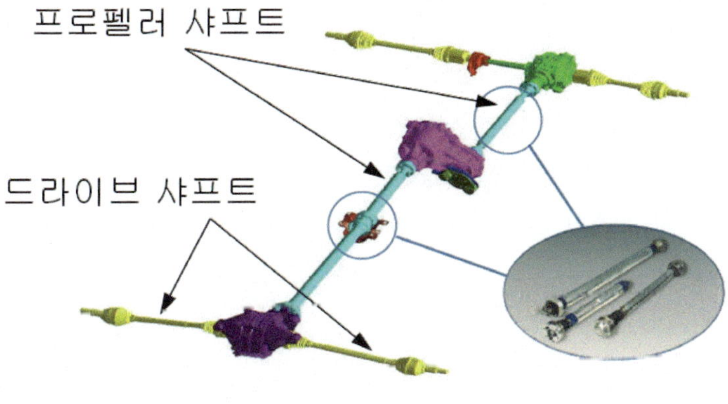

[그림 11-1] 자동차에 사용되는 축의 종류

자동차 구동축과 같이 빠르게 회전하는 축이 아니더라도 자동차 운전대와 연결된 조향 축(column shaft)과 같이 느리게 회전하는 축도 존재한다. 그러므로 축은 회전 속도와 상관없이 축의 양 끝단이 회전 상대운동이 발생하는 구조물이라고 볼 수 있다. 우리가 일상생활에서 볼 수 있는 세탁기, 건조기, 믹서 등의 가전제품에서도 사용되고 공작기계를 비롯한 다양한 기계 구조물에서도 많이 사용된다.

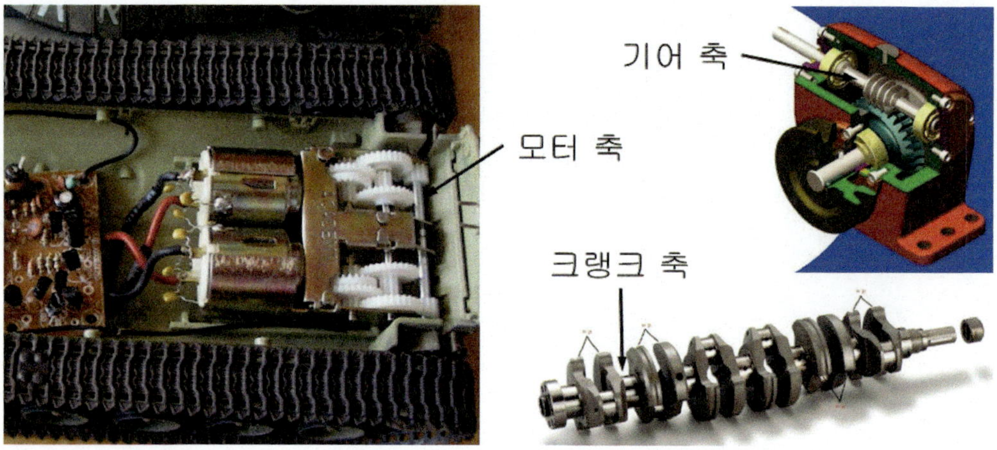

[그림 11-2] 다양한 종류의 축

11.2 비틀림 전단응력

비틀림 하중이 가해지는 구조물에서 비틀림 하중이 전파되는 특징을 살펴보면, 첫째 비틀림 하중이 가해질 때 구조물의 길이나 단면의 변화를 일으키지 않고 전단변형율(각도 변화)만 일으킨다는 것이고, 둘째 비틀림 하중을 가하면 반대편에 반대 방향 비틀림 반력이 발생하게 된다는 것이다. 셋째 비틀림 하중은 토크라고 부르고 가한 힘과 반지름의 곱으로 계산할 수 있고, 넷째 토크를 가하면 축의 내부에는 비틀림 전단응력이 발생한다는 것이다. 축의 외부에서 비틀림 하중이 발생하면 축 내부에서는 전단응력이 발생하지만 일반적인 전단응력을 계산하는 방법과 다르다.

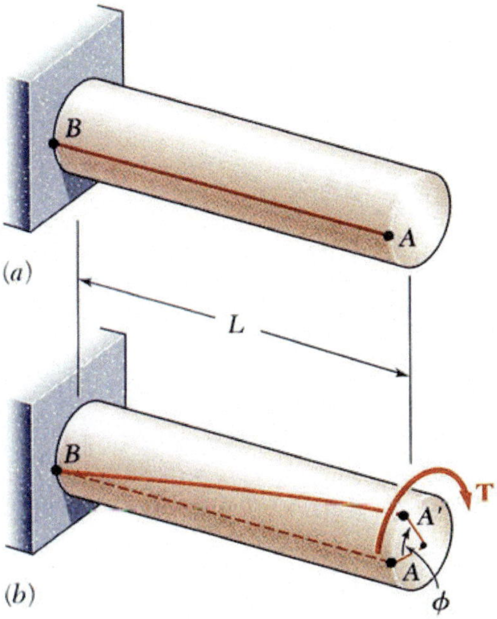

[그림 11-3] 비틀림 하중과 변형

비틀림 하중이 가해지는 부재의 특징을 살펴보면, 첫째 원형 단면축은 뒤틀리지 않기 때문에 실제 부품으로 사용 가능하고, 둘째 비원형 단면축은 뒤틀림이 발생하기 때문에 실제 부품으로 사용 불가능하다는 것이다. 셋째 비틀림 하중이 가해질 때 발생하는 축의 비틀림각은 토크와 축의 길이에 비례한다는 것을 알 수 있다. 이와 같은 현상을 반영하여 비틀림 전단응력과 비틀림 전단변형율을 계산하는 과정을 지금부터 살펴보도록 하자.

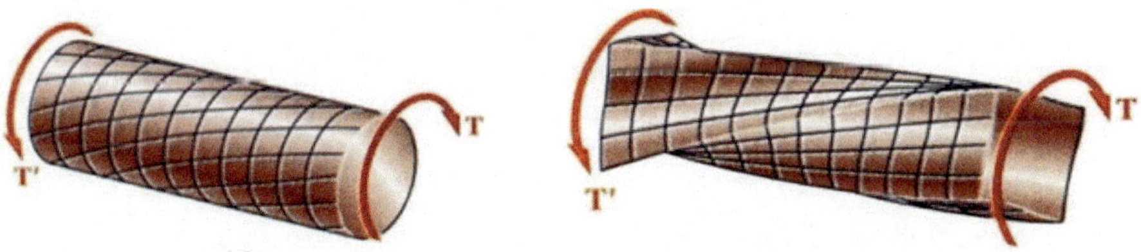

[그림 11-4] 원형 축과 비원형 축의 비틀림 현상

먼저 비틀림 전단변형율 계산을 고려해 보자. 아래 그림과 같이 비틀림 하중이 가해지면 비틀림각이 발생하게 되고 비틀림 각도가 작기 때문에 비틀림각은 전단변형율과 동일하다. 이 점을 활용하여 전단변형율과 길이를 곱한 값과 단면의 회전각과 반지름을 곱한 값이 동일하다는 점을 이용하여 수학적으로 계산할 수 있다.

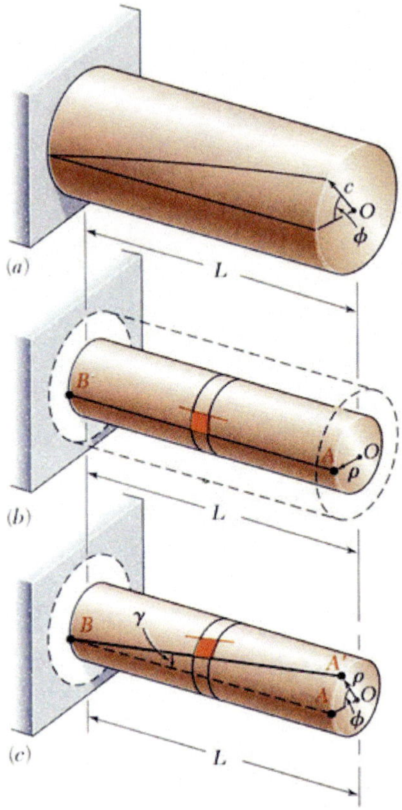

[그림 11-5] 비틀림 전단변형율

$$\gamma \times L = r \times \phi \rightarrow \gamma = \frac{r}{L} \times \phi \qquad \text{(식 11-1)}$$

여기서 γ는 비틀림각(비틀림 전단변형율)이고 ϕ는 단면의 회전각이다. 그러면 지금부터는 비틀림 전단응력을 계산하는 과정을 살펴보도록 하자. 만약 사람의 팔을 비틀게 되면 팔의 표면이 아플까, 아니면 팔 내부의 뼈가 아플까? 당연히 팔의 표면에 있는 살이 찢어지는 듯한 아픔을 가장 먼저 느끼게 될 것이다. 그러므로 축의 외부에서 축에 비틀림 하중을 가할 경우 축의 내부에서 발생하는 비틀림 전단응력의 최대값은 축의 표면에서 발생할 것을 예측할 수 있다. 동시에 비틀림 전단응력의 최소값은 축의 가장 안쪽에서 발생할 것이다.

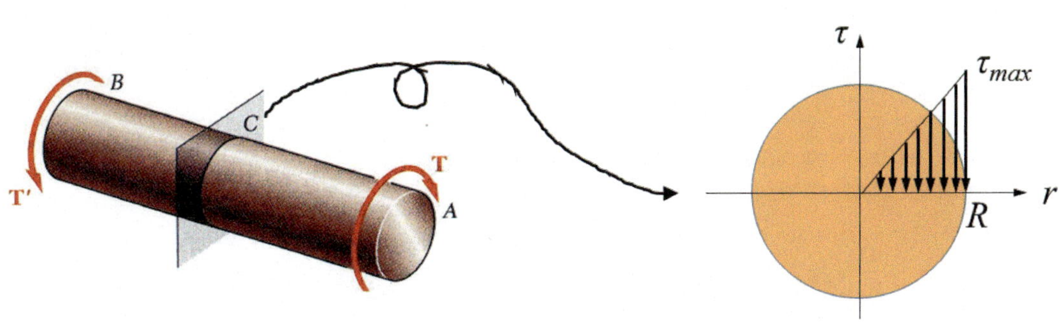

[그림 11-6] 비틀림 하중과 축의 비틀림 전단응력의 분포

비틀림 전단응력을 계산하는 가장 기본적인 식은 아래와 같다. 유도 과정은 복잡하고 어렵지만 여기서는 그 결과를 이용하여 비틀림 전단응력을 구하는 과정을 살펴보기로 하자.

$$\frac{\tau}{r} = \frac{T}{I_p} \qquad \text{(식 11-2)}$$

여기서 I_p는 단면의 극관성모멘트(polar moment of inertia)이며 원형이 아니면 뒤틀림이 발생하기 때문에 다른 단면 도형은 사용할 수 없어서 원형에 대한 극관성모멘트를 기억하는 것이 중요하다.

$$I_p(\text{중실축}) = \frac{\pi d^4}{32} \qquad \text{(식 11-3)}$$

$$I_p(\text{중공축}) = \frac{\pi}{32}(d_o^4 - d_i^4)$$

그러면 먼저 중실축에 대하여 비틀림 전단응력을 계산해보도록 하자. 중실축에 발생하는 가장 큰 비틀림 전단응력은 축의 표면에서 발생하므로 이를 고려하여 계산하면 될 것이다.

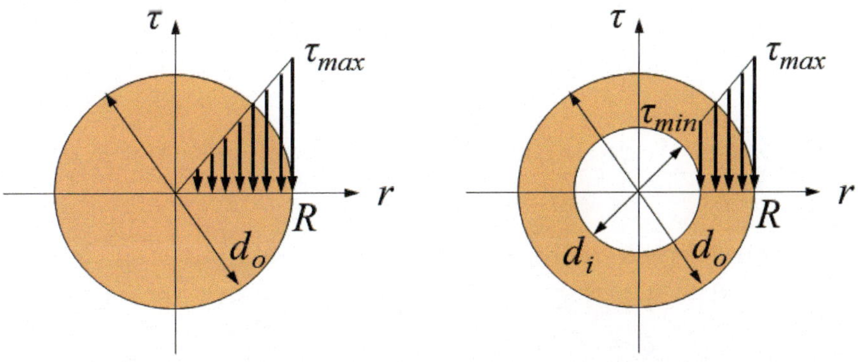

[그림 11-7] 축의 비틀림 전단응력

$$\frac{\tau}{r}=\frac{T}{I_p} \quad \rightarrow \quad \tau_{\max}=\frac{T}{I_p}\times r_{\max}=\frac{T}{\frac{\pi d^4}{32}}\times\frac{d}{2}=\frac{16T}{\pi d^3} \qquad \text{(식 11-4)}$$

여기에 전단에 관한 후크의 법칙을 적용하면 다음과 같은 식을 얻을 수 있다.

$$\tau=G\gamma \quad \rightarrow \quad \frac{G\gamma}{r}=\frac{T}{I_p} \quad \rightarrow \quad \gamma_{\max}=\frac{16T}{G\pi d^3} \qquad \text{(식 11-5)}$$

이제 중공축에 대하여 전단응력을 계산해보도록 하자. 중실축에 발생하는 가장 큰 비틀림 전단응력은 축의 표면에서 발생하므로 이를 고려하여 계산하면 될 것이다.

$$\frac{\tau}{r}=\frac{T}{I_p} \rightarrow \tau_{\max}=\frac{T}{I_p}\times r_{\max}=\frac{T}{\frac{\pi(d_o^4-d_i^4)}{32}}\times\frac{d_o}{2}=\frac{16Td_o}{\pi(d_o^4-d_i^4)} \qquad \text{(식 11-6)}$$

여기에 전단에 관한 후크의 법칙을 적용하면 다음과 같은 식을 얻을 수 있다.

$$\tau=G\gamma \quad \rightarrow \quad \frac{G\gamma}{r}=\frac{T}{I_p} \quad \rightarrow \quad \gamma_{\max}=\frac{16Td_o}{G\pi(d_o^4-d_i^4)} \qquad \text{(식 11-7)}$$

11.3 비틀림 탄성계수 계측 실습

▌실습 준비물

비틀림 탄성계수 계측 장비, 비틀림 시험편, 버니어 캘리퍼스

▌실습 방법

1. 비틀림 시험에 사용할 시험편(강철, 알루미늄, 황동)을 시험기에 장착한 후 나사를 이용해 고정한다.
2. 변위 계측에 사용할 다이얼 게이지의 값을 zero로 초기화한다.
3. 하중 계측에 사용하는 하중 계측기의 값을 zero로 초기화한다.
4. 버니어 캘리퍼스를 이용하여 시험편의 직경과 길이를 계측한다.
5. 하중 계측기의 나사를 조정하여 1kgf만큼 하중을 가한다.

6. 1kgf의 하중을 가한 상태에서 시험편이 회전한 회전 변위를 계측하기 위해 다이얼 게이지의 처짐량을 계측한다.
7. 다이얼 게이지의 처짐량 계측 결과를 이용하여 비틀림 탄성계수 계측 공식을 이용하여 전단탄성계수를 계산한다.
8. 실험에서 계측하여 계산한 실험치와 이론적으로 계산한 전단탄성계수의 값을 비교하여 오차를 계산한 후 차이의 원인을 분석한다.

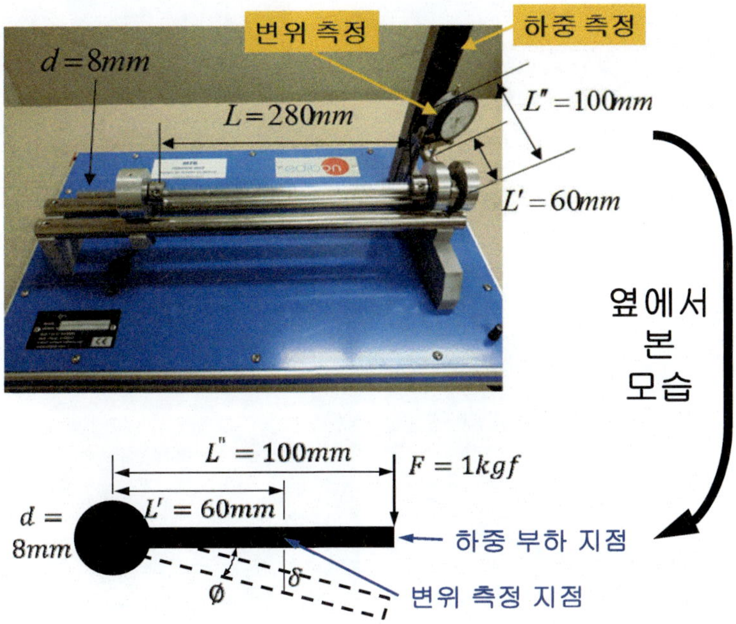

$$\begin{cases} T = F \times L'' \\ \phi = \dfrac{\delta}{L'} \end{cases} \Rightarrow \quad G = \frac{32TL}{\pi d^4 \phi} \qquad G = \frac{E}{2(1+\nu)}$$

< 실험치 > < 이론치 >

[그림 11-8] 비틀림 탄성계수 실습 장비 및 계산식

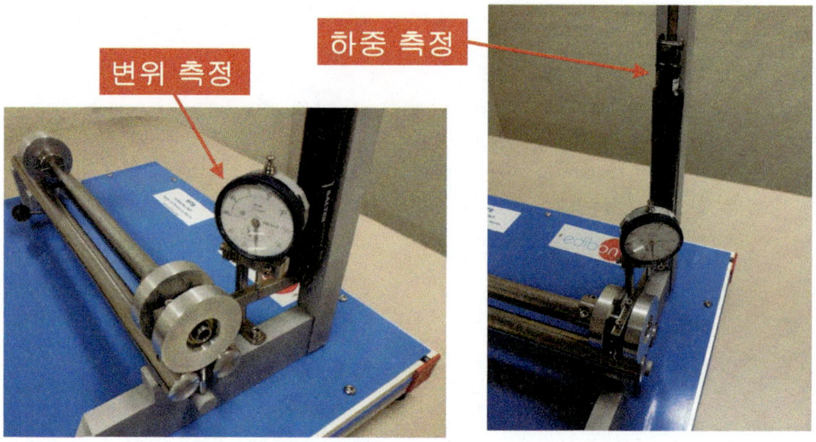

< 다이얼 게이지 > < 하중 측정기 >

[그림 11-9] 비틀림 탄성계수 계측 장비(다이얼 게이지, 하중 측정기)

▌실습 장면

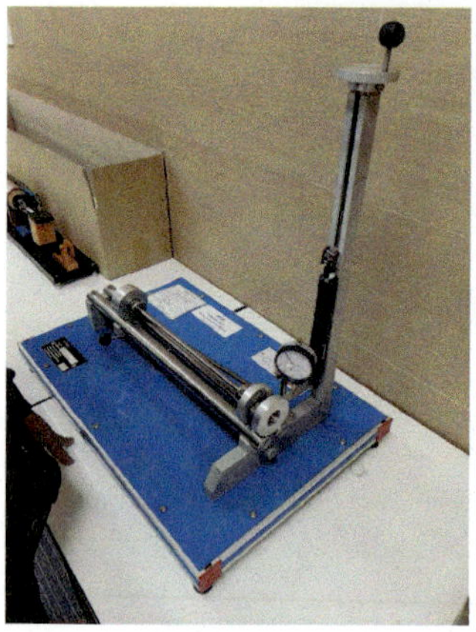

< 시험편 장착 >

< 하중계측기 가력 >

< 1kgf 가력 상태 >　　< 다이얼 게이지 계측 >

[그림 11-10] 비틀림 탄성계수 계측 실습 장면

재료공학실습 보고서

제목	비틀림 탄성계수 계측 실습
제출자	반/조: 학번: 이름:
실습 목적	
실습 과정	1. 실험대상(그림으로 그릴 것) 2. 실험 과정
실습 결과	• 실험결과

시험 조건		시험 결과	
소재 종류		변위(mm)	
직경(mm)		실험 전단탄성계수(GPa)	
길이(mm)		이론 전단탄성계수(GPa)	
하중(kgf)	1	이론 대비 오차율(%)	

12 기둥과 좌굴 현상

재료공학실습

12.1 기둥의 안정성

기둥은 압축하중이 가해지는 세장 부재를 말한다. 세장 부재는 길이에 비해 단면적이 매우 작은 것을 말하며 압축하중은 외부에서 가해지는 경우도 있지만 부재의 무게 자체가 무거운 경우도 있다. 대표적인 것이 전봇대와 같은 경우이다. 우리의 일상생활 속에서 기둥 구조물은 흔히 발견할 수 있다. 대표적인 것으로 건축물의 기둥이 있고 피아노 또는 식탁과 같이 물체의 다리도 기둥에 해당된다고 할 수 있다. 음료수 캔의 경우 외부에서 볼 때 단면적이 크지만 실제 캔의 내부는 환형으로 속은 대부분 비어있고 두께가 얇은 경우도 있다. 음료수 캔을 발로 밟게 되면 세로 방향으로 찌그러지게 되는 경우를 자주 보게 된다. 임플란트의 경우에도 음식을 먹을 때 음식물 저작 활동을 함으로써 압축하중이 계속 가해지므로 기둥에 해당한다고 볼 수 있다.

< 건축물 기둥 >

< 음료수 캔 >

< 전봇대 >

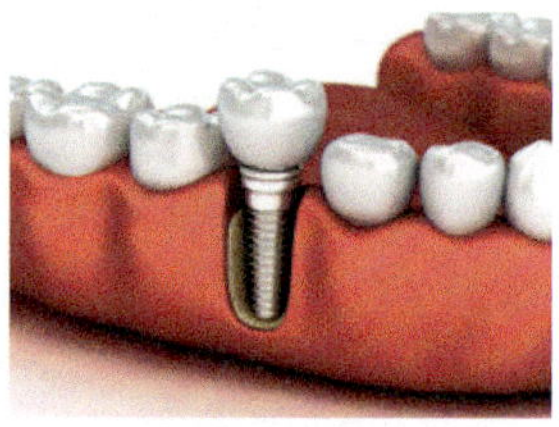

< 임플란트 >

[그림 12-1] 다양한 기둥 구조물 사례

기둥에 압축하중이 가해질 때 기둥의 형상이 처음 형상을 그대로 유지하면서 길이와 폭만 변화한다면 그 기둥을 안정한 상태라고 말하지만 기둥의 처음 형상을 유지하지 못하고 휘어지거나 찌그러지면 그 기둥은 불안정 상태라고 말한다. 기둥의 안정 및 불안정 상태를 설명하기 위해 먼저 물리적으로 안정한 상태와 불안정한 상태에 대해 살펴보기 위해 아래와 같은 그림을 관찰해 보자.

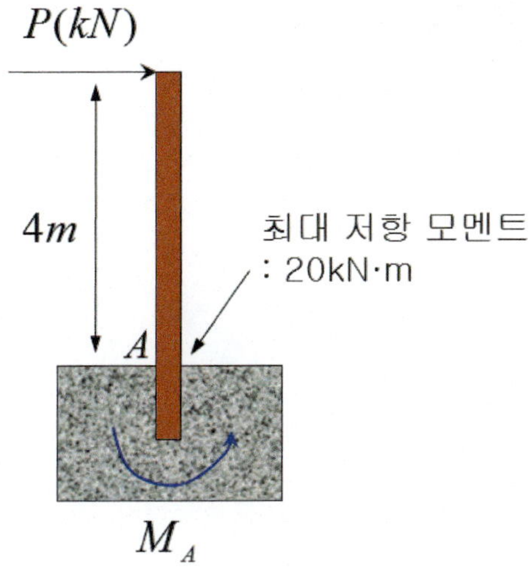

[그림 12-2]

위의 그림에서 P의 크기가 4kN일 경우에는 A점의 최대 저항 모멘트보다 작기 때문에 기둥이 부러져 넘어지지 않고 버틸 수 있으므로 안정한 상태이다. 그러나 P의 크기가 6kN일 경우에는 A점의 최대 저항 모멘트보다 크기 때문에 기둥이 부러져 넘어지게 되어 불안정한 상태이다. 만약 P의 크기가 5kN이라면 어떻게 될까? 이 경우에는 A점의 최대 저항 모멘트와 같은 값이므로 안정도 불안정도 아닌 상태가 된다. 이러한 상태를 임계점 상태라고 한다.

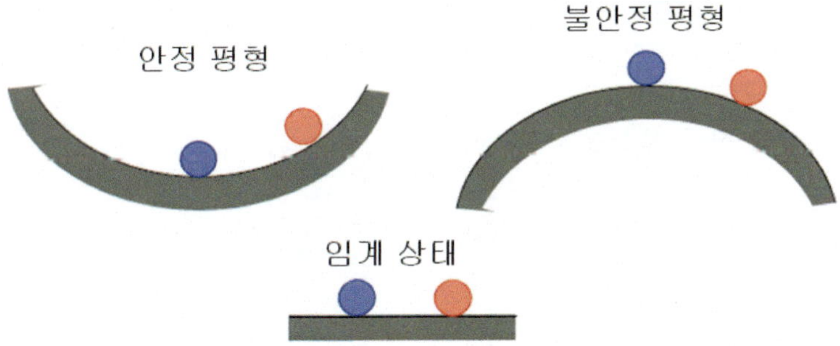

[그림 12-3] 에너지 상태에 있어서 안정과 불안정

안정과 불안정에 대한 다른 예를 들어보자. 오목한 구조물에 공을 치우쳐 놓을 경우 공이 스스로 중앙으로 돌아오기 때문에 안정 상태이지만 볼록한 구조물에 공을 치우쳐 놓을 경우 공이 스스로 중앙으로 돌아오지 않고 멀어져 버리므로 불안정 상태이다. 그렇다면 평지의 경우 공을 치우쳐 놓을 때 공은 어떻게 될까? 우리가 흔히 경험하듯이 공은 원래 자리로 돌아오지도 않고 멀어지지도 않는다. 이런 상태를 임계 상태라고 한다.

좌굴(buckling)은 기둥이 압축하중을 받을 때 임계 하중을 넘을 경우 급격히 휘어지거나 찌그러지는 현상을 말하는 것으로 임계 하중을 좌굴 하중이라고 말한다. 우리의 일상생활에서 좌굴 현상은 자주 만날 수 있다.

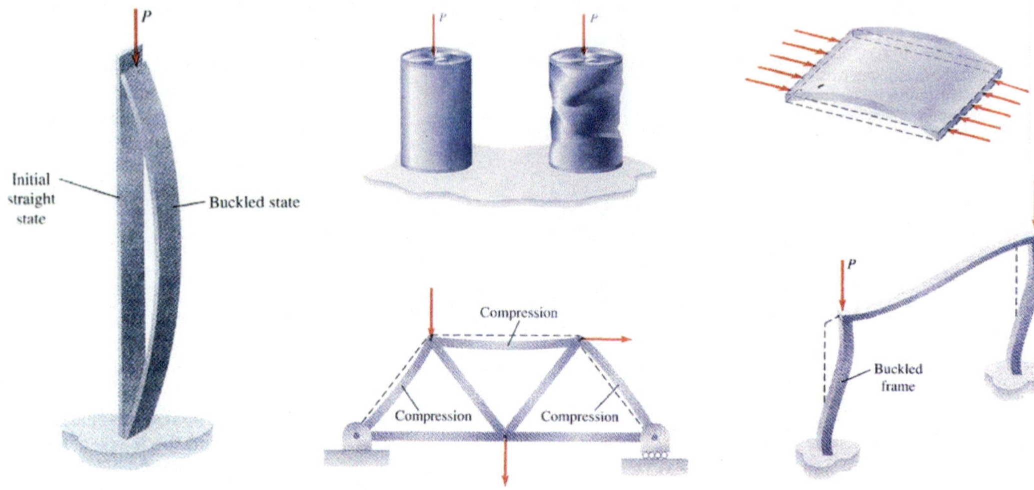

[그림 12-4] 좌굴 현상의 사례

12.2 좌굴 하중

기둥 구조물의 좌굴 하중 분석은 오른쪽 그림과 같이 모멘트 스프링으로 가정하여 해결하면 편리하다.

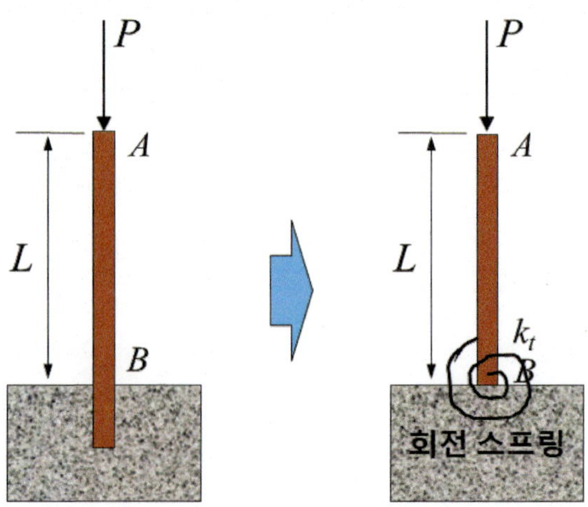

[그림 12-5] 모멘트 스프링 가정법

기둥의 아랫부분 고정점이 저항할 수 있는 저항 모멘트를 모멘트 스프링으로 대체하면 동일한 조건의 구조물이 된다. 그러므로 기둥에 압축하중이 가해져 좌굴 현상이 발생한다면 아래 그림과 같이 자유물체도를 그릴 수 있다.

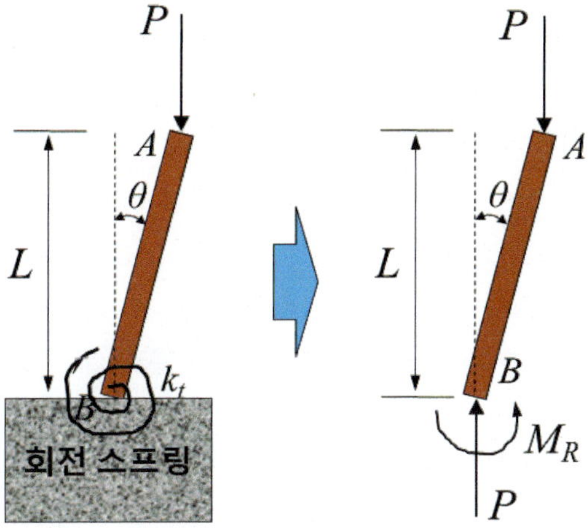

[그림 12-6] 기둥의 좌굴 현상에 대한 자유물체도

자유물체도에서 모멘트 스프링은 다음과 같이 저항 모멘트에 관한 식으로 표현할 수 있다.

$$M_R = k_t \times \theta \quad \text{(식 12-1)}$$

그러므로 기둥에 좌굴 현상이 발생하면 고정점에서 저항할 수 있는 저항 모멘트는 위의 식으로 대체하여 문제를 해결하면 될 것이다. 위의 식에서 k_t는 비틀림스프링 상수이다.

위에서 그린 자유물체도를 유심히 살펴보면 보 문제를 떠올릴 수 있다. 기둥에서 압축하중에 의해 좌굴 현상이 발생하여 휘어진 것을 처짐이 발생한 것으로 생각하면, 좌굴에 의해 회전하여 A점이 원래 위치에서 이동한 거리만큼 보에서 발생한 처짐량으로 대체하면 기둥의 좌굴 문제를 외팔보 문제로 바꾸어 생각할 수 있는 것이다. 그러므로 기둥에 가해진 압축하중을 외팔보의 수직 하중으로 바꾸고 기둥에서 압축하중에 의해 발생한 회전각 θ에 의해 A점에 발생한 위치 이동량을 외팔보의 처짐량으로 바꾼 후 시계 방향으로 90° 회전시켜 그리면 외팔보 문제로 바뀌어 좀 더 다루기 편리해질 것이다. 외팔보 문제를 다루어 최종적으로 좌굴 하중을 계산하면 이로부터 좌굴 문제를 해결할 수 있는 방법을 얻을 수 있을 것이다.

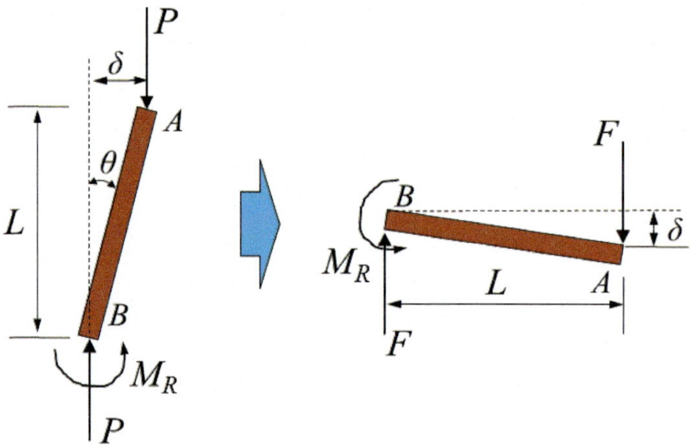

[그림 12-7] 좌굴 문제의 외팔보 문제 대체 과정

위의 그림에서 좌측의 기둥 문제를 고려할 때 저항 모멘트의 크기는,

$$M_R = P \times \delta$$

이 식에 비틀림 스프링 상수와 δ에 관한 식을 정리하여 넣으면,

$$k_t \times \theta = P \times (L \times \theta)$$

여기에는 θ의 각도가 매우 작을 경우 $\tan\theta \fallingdotseq \theta$라는 앞에서 배운 내용을 적용하였다. 위의 식을 정리하면 다음과 같이 쓸 수 있다.

$$P_{cr} = \frac{k_t}{L} \qquad \text{(식 12-2)}$$

이번에는 우측의 외팔보를 생각해보자.

$$M_R = F \times L$$

이 식에 비틀림 상수와 앞에서 적용한 식 $\delta = L\theta$를 적용하면,

$$k_t \times \frac{\delta}{L} = F \times L$$

여기에 외팔보의 끝단에서의 처짐량 식을 적용하면,

$$\delta = \frac{FL^3}{3EI_{zz}} \qquad \text{(식 12-3)}$$

$$k_t = \frac{3EI_{zz}}{L} \quad \text{(식 12-4)}$$

그러므로 앞의 기둥에서 구한 좌굴하중(임계하중) 식에 적용하면,

$$P_{cr} = \frac{3EI_{zz}}{L^2} \quad \text{(식 12-5)}$$

결국 기둥 문제에서 비틀림 스프링 상수로 표현되어 있던 좌굴하중을 외팔보 개념을 도입함으로써 기둥의 탄성계수, 관성모멘트, 길이로 표현할 수 있게 된 것이다. 여기서 탄성계수는 기둥 재료의 종류를 표현하고 관성모멘트는 기둥의 단면 형상과 크기를 반영하고 있으며 길이는 기둥의 길이를 나타내어 기둥을 이루고 있는 재료 및 형상을 모두 표현하는 식이 된 것이다.

이와 같이 압축하중이 가해지는 기둥의 좌굴하중은 기본적으로 아래와 같은 식으로 표현할 수 있다.

$$P_{cr} = c \times \frac{EI_{zz}}{L^2} \quad \text{(식 12-7)}$$

여기에서 상수 c는 기둥을 지지하고 있는 지지점의 조건에 따라 달라지는 것이며 다양한 조건에 대하여 주어진 값이라고 생각하면 된다.

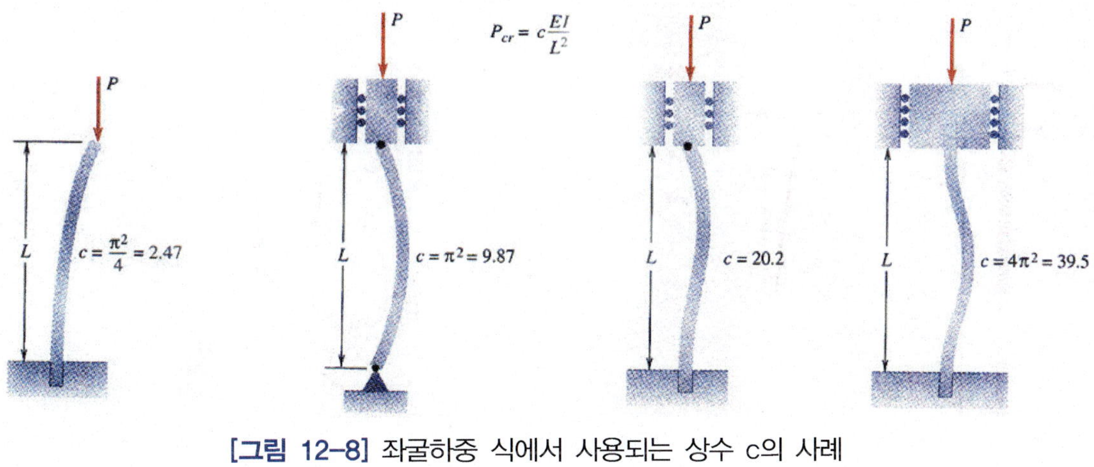

[그림 12-8] 좌굴하중 식에서 사용되는 상수 c의 사례

12.3 좌굴응력과 세장비

좌굴응력은 좌굴하중을 기둥의 단면적으로 나눈 값이다.

$$\sigma_{cr} = \frac{P_{cr}}{A} \qquad \text{(식 12-8)}$$

세장비는 단면 회전반경(k)에 대한 기둥의 길이 비로 정의되는데 쉽게 설명하면 재료마다 좌굴이 발생하지 않는 단면 대비 길이의 비율이 있다는 것이다. 강한 재료일수록 세장비가 클 가능성이 높고 약한 재료는 세장비가 작을 가능성이 높다. 세장비의 정의를 식으로 정리하면 다음과 같다.

$$\lambda = \frac{L}{k}, \quad k = \sqrt{\frac{I_{zz}}{A}}$$

여기서 A는 기둥의 단면적, I_{zz}는 관성모멘트이다.

12.4 기둥의 좌굴하중 계측 실습

▌실습 준비물

좌굴하중 계측 장비, 기둥 시험편, 분동, 버니어 캘리퍼스

▌실습 방법

1. 버니어 캘리퍼스를 이용하여 기둥 시험편의 폭, 두께, 길이를 계측한다.
2. 실습할 기둥 시험편의 세장비를 계산한다.
3. 기둥 시험기를 세팅한 다음 기둥 시험편을 시험기 위, 아래에 설치되어 있는 그립에 끼운다.
4. 위, 아래 그립에 끼워진 기둥 시험편에 설치된 나사를 이용하여 완전히 고정한다.
5. 좌굴하중을 구하기 위해 기둥 시험편이 끼워진 위쪽 그립의 상판에 가벼운 분동부터 올려서 시험을 시작한다.
6. 좌굴하중을 구하기 위해 좌굴현상이 일어날 때까지 서서히 분동의 무게를 늘리며 실험을 진행한다.

7. 기둥 시험편이 급격히 휘어지는 순간을 포착하여 실습을 중단한 후, 올려진 분동의 합계를 계산한다.
8. 하중이 가해진 분동의 무게를 기둥 시험편의 단면적으로 나누어 좌굴응력을 계산한다.
9. 좌굴하중 계산 공식을 이용하여 실험치와 이론치를 비교한 후, 그 결과를 분석한다.

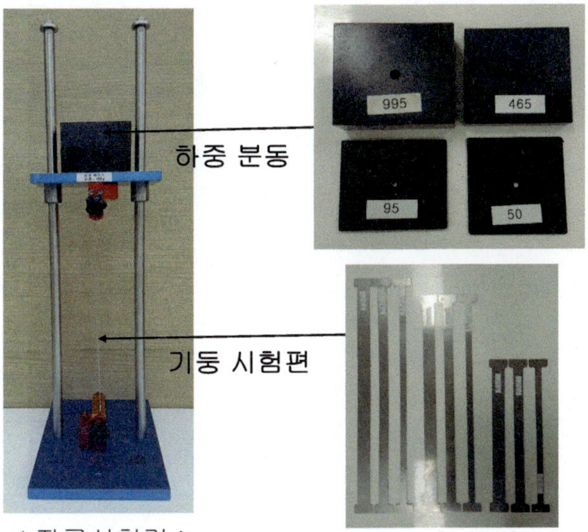

< 좌굴시험기 >

$$\lambda = \frac{L}{k} \quad k = \sqrt{\frac{I_{zz}}{A}}$$

< 기둥의 세장비 >

$$P_{cr} = c\frac{EI}{L^2}$$

< 좌굴하중 이론치 >

$$\sigma_{cr} = \frac{P_{cr}}{A}$$

< 좌굴응력 계산 >

[그림 12-9] 좌굴하중 시험기, 시험편 및 계산식

▌실습 장면

< 좌굴시험기, 시험편, 분동 >

< 실습 준비>

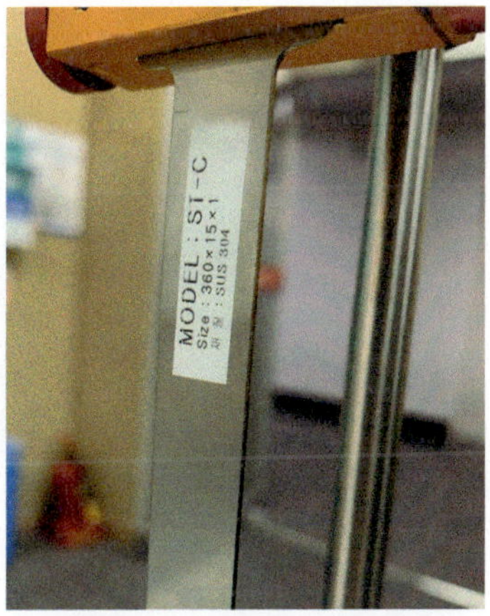

< 기둥 시험편 스펙 확인 >

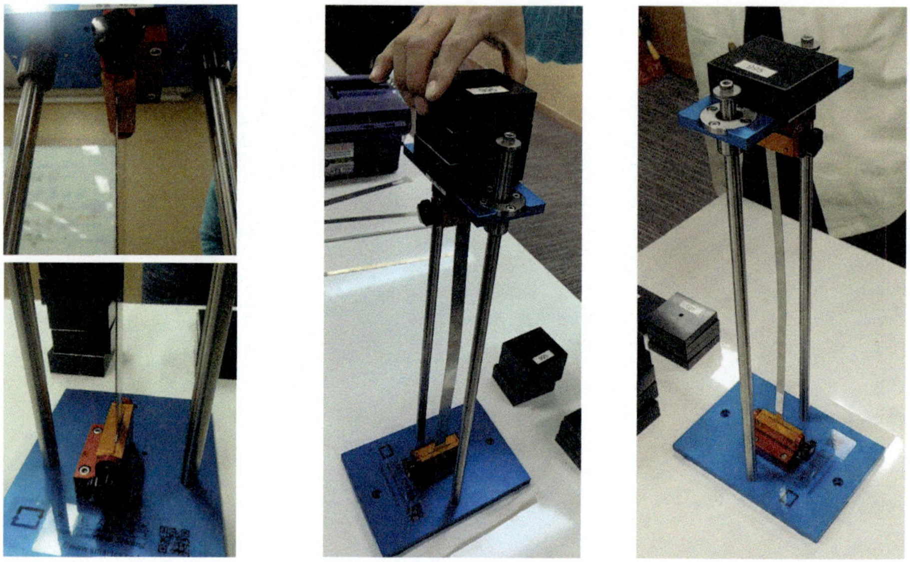

< 기둥 시험편 그립 고정 > < 분동 올리기 > < 좌굴현상 발생 >

[그림 12-10] 좌굴하중 시험기 실습 장면

재료공학실습 보고서

제목	기둥의 좌굴하중 계측 실습		
제출자	반/조:	학번:	이름:
실습 목적			
실습 과정	1. 실험대상(그림으로 그릴 것) 2. 실험 과정		
실습 결과	• 실험결과		

시험 조건		시험 결과	
양단 지지조건		세장비	
소재 종류		실험 좌굴하중(N)	
폭(mm)		이론 좌굴하중(N)	
두께(mm)	1	이론 대비 실험 오차율(%)	
길이(mm)		좌굴응력(MPa)	

13 굽힘하중과 보

13.1 보의 정의

굽힘 하중은 구조물을 휘어지게 만드는 힘을 말한다. 굽힘 하중이 보에 가해질 때 휘어지는 현상이 더 분명하게 보인다. 보(beam)는 가늘고 긴 형상의 구조물(부재)로 길이 방향에 수직 방향 힘이 가해지면 구조물 전체에 모멘트가 발생하게 된다.

[그림 13-1] 굽힘 하중의 사례

13.2 보의 지지점

가늘고 긴 부재인 보가 휘어지는 이유는 지지점이 있어서 외부에서 가해지는 힘을 자체적으로 지지할 수 있기 때문이다. 이러한 지지점의 종류는 크게 세 가지이며 힌지, 롤러, 고정점이다. 힌지의 특징을 살펴보면 수직 및 수평 방향 이동이 불가능하고 회전이 가능한 특징을 갖고 있다. 그러므로 힌지의 경우 수직 및 수평 방향 반력이 생기고 모멘트 반력은 발생하지 않는다. 롤러의 특징을 살펴보면 평행 이동은 자유로우나 수직 이동과 회전은 불가능하다. 그러므로 롤러의 경우 수직방향 반력만 발생한다. 고정점의 경우 수직, 수평, 회전이 불가능한 특징을 갖고 있으므로 수직, 수평, 회전 모멘트 반력이 발생하게 된다.

지지점의 종류를 이해하기 위해 우리의 일상생활이 이루어지는 화장실을 살펴보자. 화장실의 잠금장치는 힌지와 롤러를 대표하는 구조물이다. 위의 그림에서 잠금장치의 왼쪽은 상하좌우로 움직일 수 없지만 회전은 가능하여 문을 잠그고 열 수 있게 해준다. 그러므로 잠금장치 왼쪽 구조물은 힌지에 해당된다. 그러나 잠금장치의 오른쪽 구조물은 그 위에 볼펜을 올려놓을 경우 좌우로 자유롭게 움직일 수 있고 회전도 가능하지만 아래로 누르면 움직이지 않는다. 그러므로 잠금장치 오른쪽 구조물은 롤러에 해당된다고 할 수 있다. 화장실의 옷걸이는 화장실 문에 완전 고정되어 있어 상하좌우로 움직일 수 없을 뿐 아니라 화전도 할 수 없기 때문에 고정점이라고 말할 수 있다.

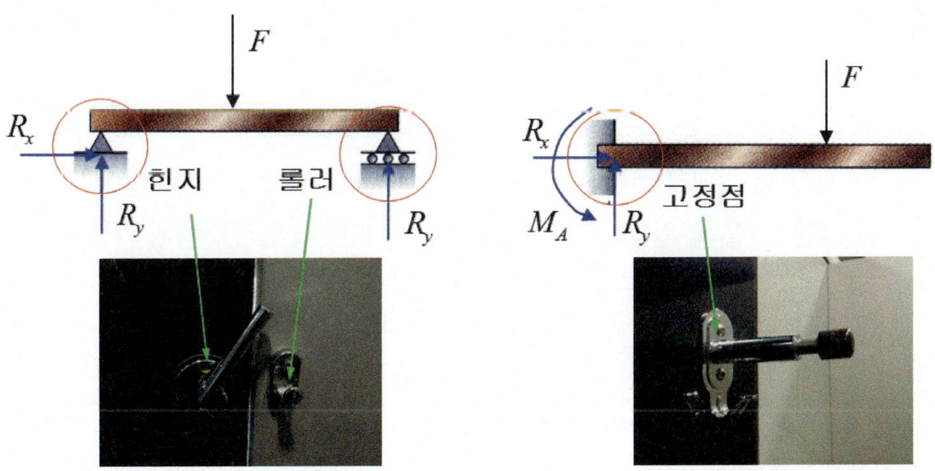

< 양단지지보 > < 외팔보 >

[그림 13-2] 지지점의 종류와 실제 사례

13.3 굽힘하중

보를 휘어지게 하는 굽힘 하중은 최종적으로 보의 단면에 모멘트를 발생시킨다. 그 과정에서 보에 수직 방향으로 가해지는 수직 하중의 종류는 집중하중과 분포하중으로 크게 두 가지로 나눌 수 있다. 집중하중(concentrated load)은 외부에서 가해지는 힘 전체가 보의 한 점에 집중되어 가해지는 힘이고, 분포하중(distributed load)은 힘 전체가 일정 길이에 나누어져 가해지는 힘이다.

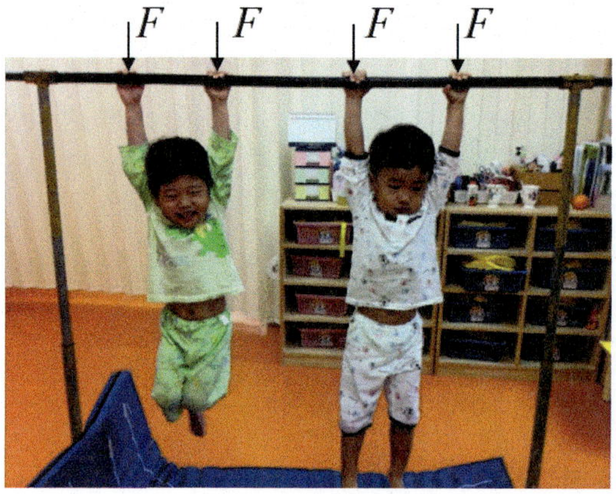

< 집중하중 >

< 분포하중 >

[그림 13-3] 집중하중과 분포하중의 사례

아이들이 매달린 철봉의 경우 가늘고 긴 부재에 아이들의 몸무게가 손을 통해 수직방향으로 가해지고 있으므로 보의 사례에 해당된다. 아이들의 손바닥을 통해 힘이 전달되므로 국부적으로 보면 분포하중이라고 할 수 있으나 철봉 전체로 보면 아이들 손바닥은 좁기 때문에 집중하중이라고 말할 수 있다. 책이 꽂혀있는 책장의 경우 가늘고 긴 부재에 책의 무게가 수직 방향으로 가해지고 있으므로 보의 사례에 해당된다. 책의 무게가 책장 전체에 골고루 가해지고 있으므로 이는 분포하중이라고 말할 수 있다. 마지막으로 육지와 육지를 연결하는 다리의 경우 육지의 크기에 비하면 다리는 가늘고 길기 때문에 보라고 할 수 있고 다리를 구성하고 있는 콘크리트의 무게가 다리 자체에 균일하게 수직 방향으로 가해지고 있어서 분포하중이라고 말할 수 있다. 집중하중과 분포하중의 단위는 서로 다르다. 먼저 집중하중은 가해지는 힘 전체를 하나의 힘으로 표시하는 때문에 집중하중의 단위는 힘의 기본 단위 그 자체와 동일하다. 그러므로 집중하중의 단위는 N(뉴턴)이고 회전 모멘트의 경우 N · m(뉴턴 · 미터)이다. 분포하중은 그

정의가 단위 길이당 힘이기 때문에 단위는 N/m(뉴턴 퍼 미터)이다. 참고로 압력과 응력은 단위 면적당 힘이기 때문에 Pa=N/㎡(파스칼)로 분포하중과 다른 단위를 사용한다.

분포하중은 단위 길이당 가해지는 하중이기 때문에 분포하중을 다룰 때에는 가장 먼저 분포하중을 집중하중으로 변환한 다음 자유물체도를 그리고 평형조건을 이용하여 지지점 반력을 구해야 한다. 그러므로 분포하중을 집중하중으로 바꾸는 과정을 살펴보는 것은 중요하다. 분포하중을 집중하중으로 변환하는 방법을 간단하게 설명하면, 먼저 분포하중의 크기와 그 힘이 가해지는 길이를 곱하여 합력의 크기를 구한 다음, 둘째 분포하중이 가해지는 길이의 중심에 합력의 위치를 표시하면 된다.

[그림 13-4] 분포하중을 집중하중으로 변환하는 사례

13.4 지지점 반력 계산

보의 반력 계산 과정은 기본적으로 공업역학적 방법에 따른다. 가장 먼저 보에 대한 자유물체도를 그린다. 둘째는 힌지/롤러/고정점을 확인한 후 해당 지지점 반력을 표시한다. 이때 롤러의 경우에는 수직 반력만 표시하면 되고, 힌지는 수직 및 수평 반력을 표시하면 된다. 고정점의 경우에는 수직 및 수평 반력과 모멘트 반력까지 표시해야 한다. 셋째는 평형조건을 적용하여 미지의 반력 및 하중에 대하여 연립방정식을 풀어 문제를 해결하면 된다.

예를 들어 아래 그림과 같은 양단지지보에 집중하중이 가해지는 문제를 생각해 보자. 보의 왼쪽 지지점은 힌지이고 오른쪽 지지점은 롤러이다. 힌지는 상하 및 좌우 지지점 반력을 표시해야 한다. 이에 비해 롤러는 상하 지지점 반력만 표시하면 된다.

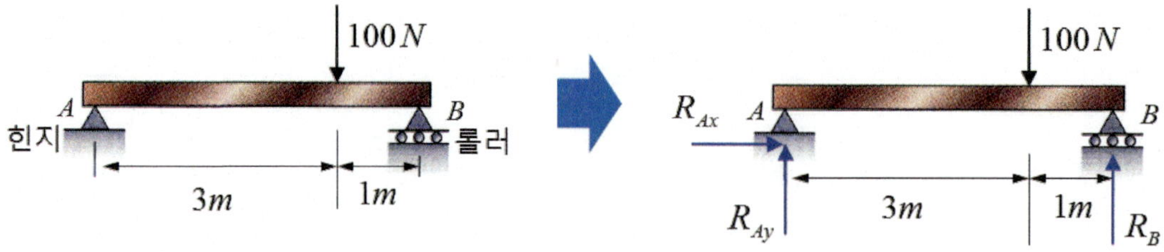

< 문제 A >　　　　　　< 자유물체도 및 지지점 반력 >

[그림 13-5] 문제 A: 집중하중이 가해지는 양단지지보의 반력 표시 사례

[예제 7] 위의 그림에서 표시한 문제 A에 대해 보의 반력을 구하여라.

(풀이)

위의 그림의 오른쪽에 그린 자유물체도와 지지점 반력을 이용하여 평형조건을 적용하여 반력을 구하면,

$$
\begin{aligned}
&\sum F_x = 0 : R_{Ax} = 0 && \Rightarrow \quad R_{Ax} = 0 \\
&\sum F_y = 0 : R_{Ay} + R_B - 100 = 0 && \quad\quad R_{Ay} = 25N \\
&\sum M = 0 : R_B \times 4 - 100 \times 3 = 0 && \quad\quad R_B = 75N
\end{aligned}
$$

이번에는 분포하중이 가해지는 양단지지보를 생각해 보자. 전체 과정은 집중하중의 경우와 동일하지만 다른 점은 분포하중을 집중하중으로 바꾸는 과정이 필요하다는 것이다. 그 이후는 집중하중의 경우와 동일하다.

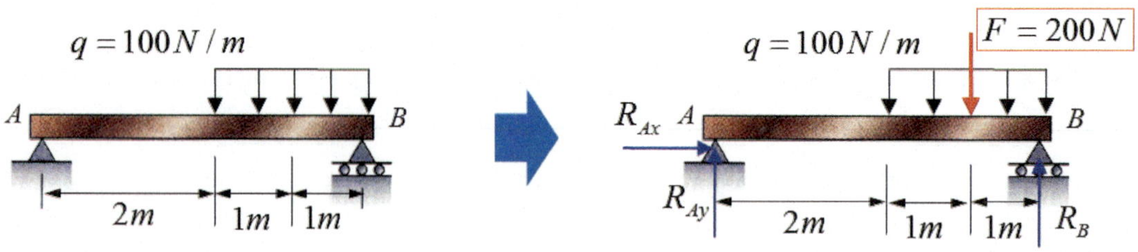

< 문제 B >　　　　　　< 자유물체도 및 지지점 반력 >

[그림 13-6] 문제 B: 분포하중이 가해지는 양단지지보의 반력 표시 사례

[예제 8] 위의 그림에서 표시한 문제 B에 대해 보의 반력을 구하여라.

(풀이)

위의 그림의 오른쪽에 그린 자유물체도와 지지점 반력을 이용하여 평형조건을 적용하여 반력을 구하면,

$$\sum F_x = 0 : R_{Ax} = 0 \qquad \Rightarrow \qquad R_{Ax} = 0$$
$$\sum F_y = 0 : R_{Ay} + R_B - 200 = 0 \qquad R_{Ay} = 50N$$
$$\sum M = 0 : R_B \times 4 - 200 \times 3 = 0 \qquad R_B = 150N$$

[예제 9] 아래 그림과 같은 외팔보의 반력을 구하여라.

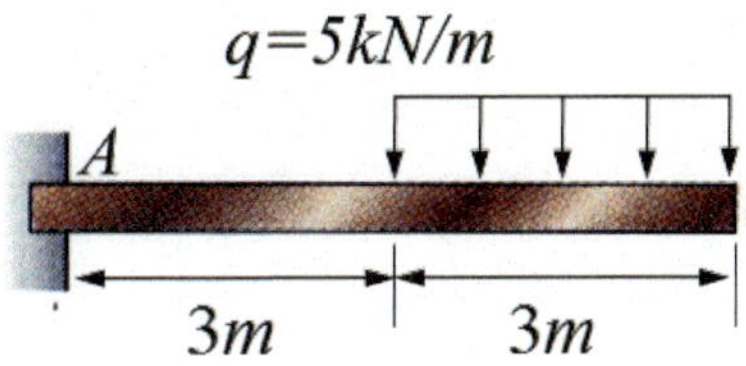

(풀이)

외팔보에 분포하중이 가해진 위의 문제에 대하여 자유물체도를 그리고 지지점 반력을 표시한 후 분포하중을 집중하중으로 변환하면,

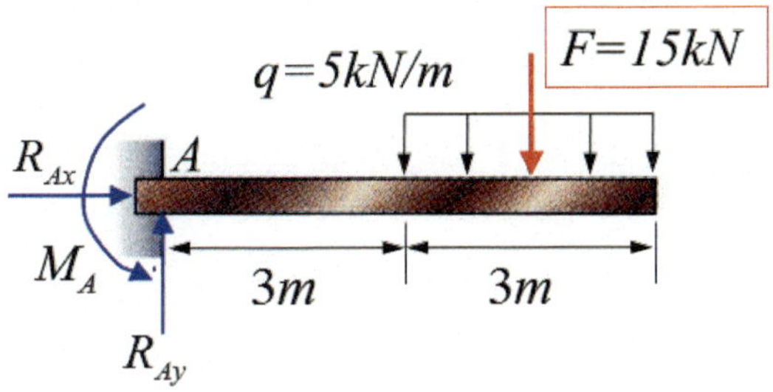

$$\sum F_x = 0 : R_{Ax} = 0$$
$$\sum F_y = 0 : R_{Ay} - 15 = 0$$
$$\sum M = 0 : M_A - 15 \times 4.5 = 0$$

위의 연립방정식을 풀면 지지점 반력을 모두 구할 수 있다.

$$R_{Ax} = 0$$
$$R_{Ay} = 15kN$$
$$M_A = 67.5kN \cdot m$$

[예제 10] 아래 그림과 같은 내다지보의 반력을 구하여라.

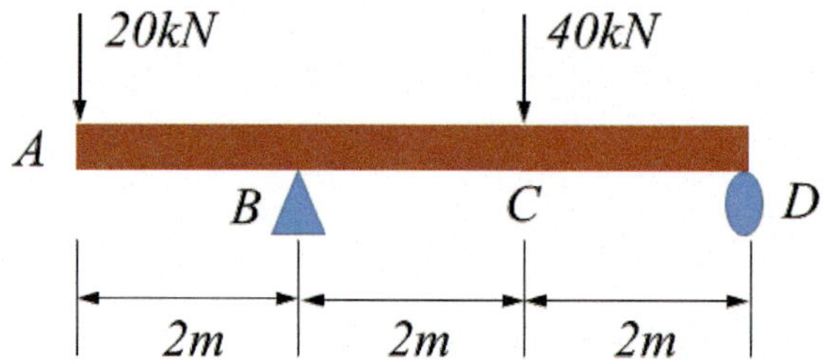

(풀이)

B점(힌지에 발생하는 x-방향 반력은 0이 될 것이므로 제외)과 C점에 발생하는 반력을 포함하여 자유물체도를 그리면 다음과 같다.

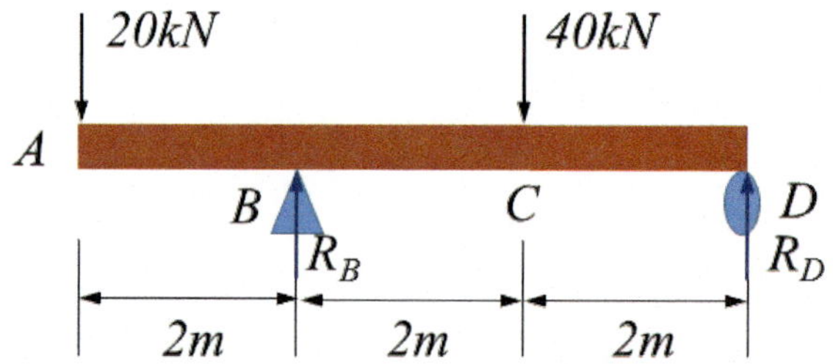

$$\sum F_y = 0 : R_B + R_D - 20 - 40 = 0$$
$$\sum M_B = 0 : \ R_D \times 4 + 20 \times 2 - 40 \times 2 = 0$$

위의 연립방정식을 풀면 지지점 반력을 모두 구할 수 있다.

$$R_B = 50kN$$
$$R_D = 10kN$$

13.5 굽힘하중 실습

▌실습 준비물

굽힘하중 실습 장비, 분동, 굽힘 시험편, 버니어 캘리퍼스, 자

▌실습 방법

1. 버니어 캘리퍼스를 이용하여 굽힘 시험편의 폭과 두께를 계측하고 자를 이용하여 지지점 사이(시험편 길이)의 거리를 계측한다.
2. 로드셀이 설치된 양단 지지점에 굽힘 시험편을 삽입한 후 고정한다.
3. 처짐량을 계측하는 다이얼 게이지 센서의 값을 zero로 영점조정한다.
4. 컴퓨터 전원을 켜고 굽힘하중 시험 프로그램을 실행한다.
5. LVDT, 로드셀, 스트레인 게이지(변형율 센서)의 초기값을 zero로 영점 조정한다.
6. 하중을 가하는 추를 원하는 위치로 이동하여 고정한다.
7. 가하고자 하는 힘의 크기에 맞게 추에 분동을 올린다.
8. 굽힘하중 계측 프로그램을 실행하여 지지점 반력, 변형율, 처짐량의 크기를 계측한다.
9. 이론적으로 계산한 값과 실험을 통해 계측한 값을 비교한 후, 그 결과에 대하여 분석한다.

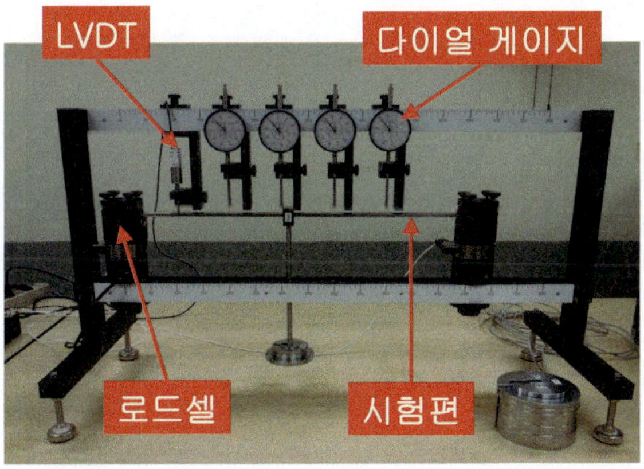

< 굽힘 시험기 >

< 변형율 센서 >

[그림 13-7] 굽힘하중 시험기, 시험편, 각종 센서

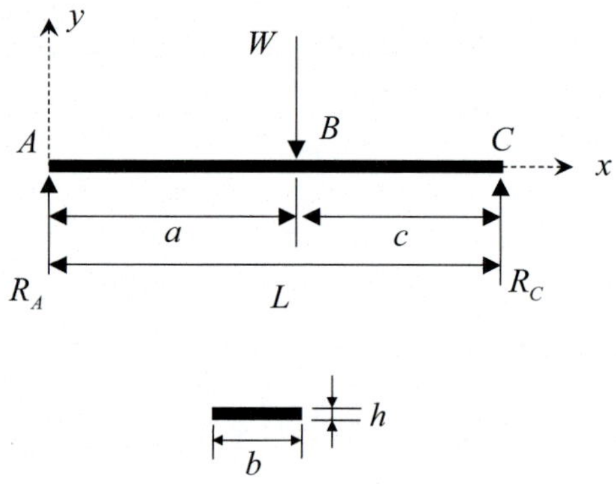

< 시험편 단면 >

−반력의 크기(로드셀)

$$R_A = \frac{c}{L}W \qquad R_C = \frac{a}{L}W$$

−변형율의 크기(스트레인 게이지)

$$\frac{\sigma}{y} = \frac{M}{I_{zz}} \quad \begin{cases} I_{zz} = \dfrac{bh^3}{12} \\ \sigma = E\varepsilon \end{cases}$$

$$\varepsilon = \frac{M}{EI_{zz}} \times \frac{h}{2}$$

$$y_{A-B} = -\frac{W(L-a)x}{6EI_{ZZ}L}\left[L^2 - (L-a)^2 - x^2\right]$$

$$y_{B-C} = -\frac{W(L-a)x}{6EI_{ZZ}L}\left[L^2 - (L-a)^2 - x^2\right] - \frac{W(x-a)^3}{6EI_{ZZ}}$$

[그림 13-8] 지지점 반력, 변형율, 응력, 처짐량 계산식

재료공학실습 보고서

제목	굽힘하중 실습
제출자	반/조: 학번: 이름:
실습 목적	
실습 과정	1. 실험대상(그림으로 그릴 것) 2. 실험 과정
실습 결과	• 실험결과

시험 조건		시험 결과	
지지조건	양단 단순지지	분동 무게(N)	
소재 종류	철강	추의 위치(좌, mm)	
폭(mm)		추의 위치(우, mm)	
두께(mm)		지지점 반력(좌, N)	
전체 길이(mm)		지지점 반력(우, N)	

저자소개

신 금 철

2003.8 : 한국과학기술원(KAIST) 공학박사 학위 취득

2003.9 ~ 2004.9 : 미국 Northwestern University 연구원 재직

2004.9 ~ 2005.7 : 한국과학기술원 기계기술연구소 연구원 재직

2005.7 ~ 2009.2 : 현대자동차 기술연구소 선임연구원 재직

2009.3 ~ : 신안산대학교 기계과 교수 재직 중

저자와의 협의에 의해 인지 생략

쉽게 배워 바로 쓰는

재료공학실습

1판 1쇄 2025년 6월 10일

저 자	신금철
발행인	송광헌
발행처	도서출판 북두(더)
주 소	서울특별시 영등포구 경인로82길 3-4 센터플러스 807호 (우) 07371
전 화	02-2164-2580
FAX	02-2164-2584
등 록	1993. 11. 22. 제 10-902 호

정가 : 13,000원

ISBN : 979-11-6675-632-0 93560

한국과학기술출판협회 회원사